高等职业教育机械类专业系列教材

机械制图与 AutoCAD

主　编　王彩英　班淑珍

副主编　呼吉亚　海淑萍　李一默

参　编　巩　真　张晓晖　刘利平　张晓燕

　　　　刘艳辉　曹　琳　佟　翔　王　泽

　　　　张存盛　丁丽娜　卢尚工

主　审　李　平

机械工业出版社

本书从高职学生的认知能力出发，内容由浅入深，以"教师好教、学生乐学、通俗易懂"为出发点，强化以图阐理、识图为主、读画结合的编写思路。

本书采用项目化教学，以任务引领的思路，从简单结构的物体入手，认知画图和读图的步骤和方法。本书主要内容包括制图基础、投影的形成、基本体的三视图、组合体的三视图、视图的各种表达、标准件及常用件表达、零件图的绘制与技术要求的标注、装配图的识读及 AutoCAD 绘图。

本书可以供各类职业学校、技工学校近机械类专业（少学时）使用，也可以作为中高级职工的培训教程以及专业技术人员和绘图人员的参考工具书。

本书配套电子课件，凡选用本书作为教材的教师可登录机械工业出版社教育服务网（http://www.cmpedu.com），注册后免费下载。咨询电话：010-88379375。

图书在版编目（CIP）数据

机械制图与 AutoCAD/王彩英，班淑珍主编. —北京：机械工业出版社，2020.1（2022.1重印）

高等职业教育机械类专业系列教材

ISBN 978-7-111-64548-1

Ⅰ.①机… Ⅱ.①王… ②班… Ⅲ.①机械制图-AutoCAD 软件-高等职业教育-教材 Ⅳ.①TH126

中国版本图书馆 CIP 数据核字（2019）第 296929 号

机械工业出版社（北京市百万庄大街 22 号　邮政编码 100037）
策划编辑：于奇慧　责任编辑：于奇慧　杨　璇
责任校对：王　欣　封面设计：马精明
责任印制：张　博
涿州市般润文化传播有限公司印刷
2022 年 1 月第 1 版第 3 次印刷
184mm×260mm·12.5 印张·303 千字
标准书号：ISBN 978-7-111-64548-1
定价：39.00 元

电话服务　　　　　　　　网络服务
客服电话：010-88361066　　机　工　官　网：www.cmpbook.com
　　　　　010-88379833　　机　工　官　博：weibo.com/cmp1952
　　　　　010-68326294　　金　书　网：www.golden-book.com
封底无防伪标均为盗版　　机工教育服务网：www.cmpedu.com

前　言

为了加强高职"机械制图与 AutoCAD"教材建设，适应高职教学的特点，我们结合实际教学和学生的学习情况编写了本书。本书有如下特点：

1）根据基于工作过程的项目化教学思想，组织本书的编写。教学内容的编排采用以项目为载体、以任务为驱动的形式，将知识链接合理分解到项目中。项目选取合理，内容由简单到复杂、由单一到综合。本书特别突出基础理论的应用和识图、读图能力的培养。

2）本书是根据职业教育的特点，本着"理论够用，应用为主"的原则编写的，将机械制图的内容结合实践进行运用。对理论性强又难于理解的内容进行了删减，尽量做到文字简洁、通俗易懂、重点突出，坚持理论够用、多练多绘的原则，所选图形简单易读，注重实际应用，有利于工学结合。

3）本书对传统内容进行了调整，加强了教学内容的完整性和连贯性，由浅入深，符合高职的教学特点。

4）本书突出做中教、做中学的教学特点，在机械制图教学过程中通过学与练紧密结合，实现学有所悟、练有所思。

5）本书采用我国现行制图标准，使学生养成严格遵守国家制图标准的好习惯。

本书建议学时为 80~96 学时。

本书由包头轻工职业技术学院王彩英、班淑珍担任主编，呼吉亚、海淑萍、李一默担任副主编。王彩英编写了绪论、项目1、项目10、项目11和附录，班淑珍编写了项目2、项目8，海淑萍编写了项目4、项目7，呼吉亚编写了项目6、项目9，李一默编写了项目3、项目5。本书由王彩英统稿。参与本书编写的还有巩真、张晓晖、刘利平、张晓燕、刘艳辉、曹琳、佟翔、王泽、张存盛、丁丽娜、卢尚工。本书由宁夏大学化学与化工学院李平教授主审。

本书在编写过程中得到了很多领导的大力支持，他们对本书的内容和项目的选用提出了很多宝贵的意见和建议，对提高本书的质量起到了很大的作用，在此一并表示感谢。

由于编者水平有限，书中难免有不妥或错误之处，敬请读者批评指正。

编　者

目　录

绪　　论

1. **图样及其在生产中的作用**

根据投影原理、制图标准或有关规定，表示工程对象并有必要技术说明的图，称为图样。机械行业常见的图样主要有零件图和装配图。零件图和装配图都是工程图样，它们是工厂组织生产、制造零件和装配机器的依据，是表达设计者设计意图的重要手段，也是工程技术人员交流技术思想的重要工具，因此工程图样被誉为"工程界的技术语言"。"机械制图与 AutoCAD"是研究如何绘制和识读工程图样的课程。

2. **本课程的任务**

通过本课程的学习，学生应能掌握机械制图的基本知识，掌握绘图和读图的基本技能，学会运用 AutoCAD 软件绘制零件图和装配图，为后续课程的学习打下坚实的基础。具体任务如下：

1）学习和贯彻制图国家标准及其有关基本规定，能正确使用绘图工具和仪器，会查阅有关手册和国家标准。

2）学习正投影法的基本理论及作图方法。

3）培养识读和绘制工程图样的能力。

4）培养空间想象力和空间分析能力，养成认真负责的工作态度和严谨细致的工作作风。

3. **本课程的学习方法**

1）学习时要认真听课、加强复习，熟练掌握绘制和识读工程图样的基本理论、基础知识和基本方法。

2）要多读、多练、多观察、多想象，完成一系列的制图作业，反复进行将空间物体表达成平面图形和由平面图形想象出空间物体的训练，逐步培养空间想象力。

3）在读图和绘图的实践过程中，要注意逐步熟悉并掌握机械制图国家标准及有关规定。

项目1

平面图形的绘制

本项目通过绘制法兰零件图，学习国家标准对机械制图的有关规定，了解绘图的基本知识和绘图工具及仪器的使用。通过绘制交换齿轮架平面图，学习平面图形的绘制方法。

任务 1.1 法兰平面图形的绘制

法兰，如图 1-1 所示，又称为法兰凸缘盘或凸缘。法兰是管子与管子之间相互连接的零件，用于管端之间的连接；也有用在设备进、出口上的法兰，用于两个设备之间的连接，如减速机法兰。法兰上有通孔，用于两法兰之间的连接。法兰间用垫片密封。法兰连接是指由法兰、垫片及螺栓三者相互连接作为一组组合密封结构的可拆卸连接。

法兰零件图如图 1-2 所示。

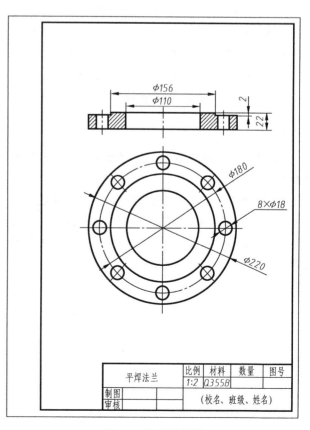

平焊法兰	比例	材料	数量	图号
	1:2	Q355B		
制图				(校名、班级、姓名)
审核				

图 1-1 法兰

图 1-2 法兰零件图

任务描述：绘制图1-2所示法兰零件图。

任务目标：掌握图幅、格式、标题栏的填写，正确选择绘图比例，规范图线的画法。

【知识链接】

1.1.1 图纸幅面及图框格式（GB/T 14689—2008）

1. 图纸幅面

按照机械制图国家标准规定，画图时应优先采用表1-1所列的图纸幅面，必要时允许按规定加长。拿到图纸后，首先按照图纸幅面用细实线绘制图纸的边框线或边界线。

表 1-1　图纸幅面　　　　（单位：mm）

幅面代号		A0	A1	A2	A3	A4
幅面尺寸 B×L		841×1189	594×841	420×594	297×420	210×297
留装订边	a	25				
	c	10			5	
不留装订边	e	20		10		

2. 图框格式

图框是图纸上限定绘图区域的线框。绘制好边框后，用粗实线在边框内画图框。图框有两种格式：不留装订边（图1-3a）和留装订边（图1-3b）。在设计单位绘制的图样中一般都采用留装订边的图框格式，所以建议练习时选用留装订边的格式绘制图框。

3. 标题栏

标题栏用来填写设计单位（设计人、制图人、审核人）的签名和日期、图名等内容。图框画好后，在图框的右下角画标题栏，学生作业用的标题栏建议使用如图1-4所示的标题栏格式。标题栏中的文字方向是看图的方向。

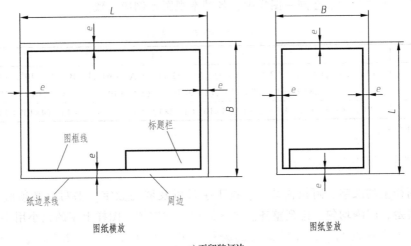

图纸横放　　　　　　　　　　图纸竖放

a) 不留装订边

图 1-3　图框格式

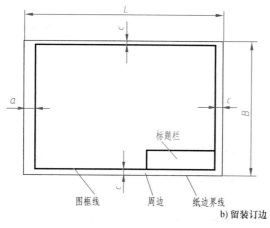
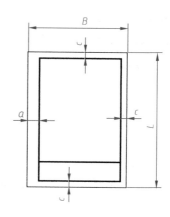

b) 留装订边

图 1-3　图框格式（续）

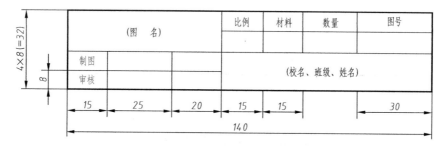

图 1-4　学生作业用的标题栏

1.1.2　比例（GB/T 14690—1993）

　　比例是指图形与其实物相应要素的线性尺寸之比。选取比例时主要考虑实体的大小和复杂程度。国家标准推荐绘图比例系列见表 1-2。但无论放大还是缩小，图样上所标注的尺寸永远是机件的真实尺寸。在同一图样中，各基本视图比例应一致。

表 1-2　绘图比例系列

原值比例	1:1
缩小比例	$(1:1.5),1:2,(1:2.5),(1:3),(1:4),1:5,(1:6),1:10,1:1×10^n,(1:1.5×10^n),$ $1:2×10^n,(1:2.5×10^n),(1:3×10^n),(1:4×10^n),1:5×10^n,(1:6×10^n)$
放大比例	$2:1,(2.5:1),(4:1),5:1,1×10^n:1,2×10^n:1,(2.5×10^n:1),(4×10^n:1),5×10^n:1$

注：n 为正整数。

1.1.3　文字（GB/T 14691—1993）

　　工程图样上的汉字、阿拉伯数字、拉丁字母以及罗马数字，书写时必须做到：字体工整，笔画清楚，间隔均匀，排列整齐。汉字采用长仿宋体。图样上字的大小用字号表示，字体的号数代表字体的高度，字体高度的公称尺寸系列为 1.8mm、2.5mm、3.5mm、5mm、7mm、10mm、14mm 和 20mm，字宽一般为字高的 $1/\sqrt{2}$。汉字字号不能小于 3.5，如图 1-5所示。字母和数字分 A 型和 B 型。字母和数字可写成斜体或直体。斜体字字头向右倾斜，与水平基准线成75°。字母和数字示例如图 1-6 所示。

10号字

字体工整 笔画清楚 间隔均匀 排列整齐

7号字

横平竖直注意起落结构均匀填满方格

5号字

技术制图机械电子汽车航空船舶土木建筑矿山井坑港口纺织服装

2.5号字

螺纹齿轮端子接线飞行指导驾驶舱位挖填施工引水通风闸阀坝棉麻化纤

图 1-5　汉字示例

A型大写斜体

ABCDEFGHIJKLMNO

PQRSTUVWXYZ

A型小写斜体

abcdefghijklmnopq

rstuvwxyz

A型斜体

0123456789

A型直体

0123456789

图 1-6　字母和数字示例

1.1.4　图线（GB/T 4457.4 — 2002）

工程图的图线线型有实线、虚线、点画线、双点画线以及波浪线等。每种线型（除双折线和波浪线外）又有粗、细两种不同的线宽，常见线型及一般应用见表1-3。常见粗线的线宽 d 值为 0.5~2mm，细线的线宽为 $d/2$。在同一张图样内，相同比例的各图样的同种线型应选用相同的线宽。

表 1-3　常见线型及一般应用

名称	线　型	线宽	一般应用
粗实线		d	可见棱边线、可见轮廓线、相贯线、螺纹牙顶线、螺纹长度终止线、齿顶圆（线）、剖切符号用线等
细实线		$d/2$	过渡线、尺寸线、尺寸界线、指引线和基准线、剖面线、重合断面的轮廓线、短中心线、螺纹牙底线、尺寸线的起止线、表示平面的对角线、重复要素表示线、辅助线等
细虚线	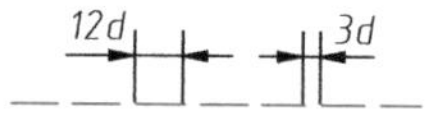 $12d$　$3d$	$d/2$	不可见棱边线、不可见轮廓线
细点画线	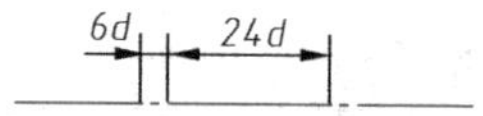 $6d$　$24d$	$d/2$	轴线、对称中心线、分度圆（线）、孔系分布的中心线、剖切线
波浪线		$d/2$	断裂处边界线、视图与剖视图的分界线
双折线	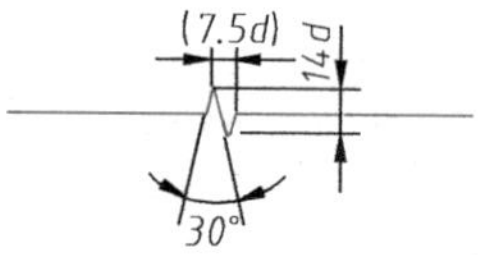 $(7.5d)$　$14d$　$30°$	$d/2$	
粗虚线		d	允许表面处理的表示线
粗点画线		d	限定范围表示线
细双点画线	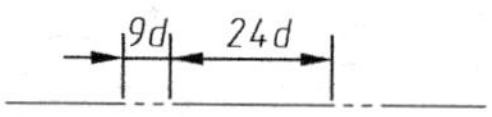 $9d$　$24d$	$d/2$	相邻辅助零件的轮廓线、可动零件的极限位置的轮廓线、轨迹线、毛坯图中制成品的轮廓线、工艺用结构的轮廓线、中断线等

绘图时注意事项：

1）同一图样中同类图线的宽度应基本一致。细虚线、细点画线和细双点画线的线段长度和间隔应各自大致相等。

2）互相平行的图线（包括剖面线）之间的距离不小于粗实线的两倍宽度且最小距离不得小于 0.7mm。

3）绘制圆的对称中心线时，圆心应为长线段的交点，如图1-7a和图1-8a、b所示。

4）当在较小的图形中绘制细点画线或细双点画线有困难时，可用细实线代替，如图1-7b所示。

5）细点画线或细双点画线的两端，不应是短画，应该是长线段；细点画线相交或细点画线与其他图线相交时，应是长线段相交，如图1-7a和图1-8a、b所示。

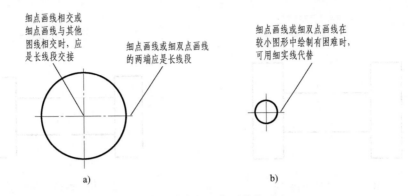

图 1-7　细点画线或细双点画线的画法

6）细虚线相交或细虚线与其他图线相交时，应是线段相交；当细虚线是粗实线的延长线时，连接处应留出空隙，如图 1-8c~f 所示。

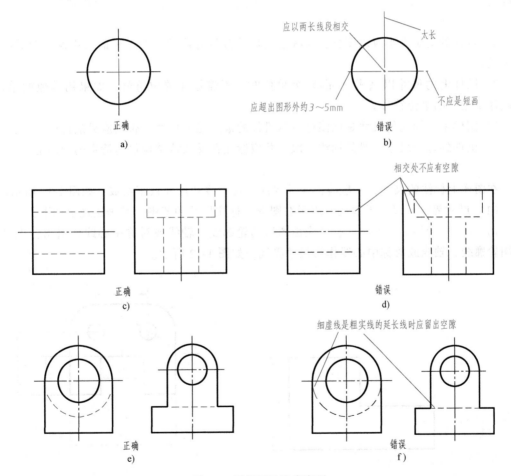

图 1-8　图线画法注意事项

7）双折线的两端要分别超出图形轮廓线，如图 1-9 所示。波浪线要画到图形轮廓线为止，不能超出图形轮廓线，如图 1-10 所示。

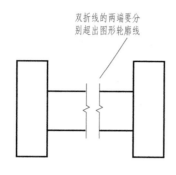

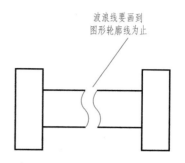

图 1-9　双折线的画法　　　　　　　　　图 1-10　波浪线的画法

1.1.5　尺寸标注

在机械图样中，图样只表示物体的形状，而物体的真实大小则由图样上所标注的实际尺寸来确定。标注尺寸必须严格遵守国家标准的规定，要正确、完整、清晰、合理地标注尺寸。

1. **基本规则**

1）机件的真实大小应以图样上所标注的尺寸数值为依据，与图形的大小及绘图的准确度无关。

2）图样上的尺寸以毫米（mm）为单位时，不需标注单位符号，如果用其他的单位，则应注明相应的单位符号。

3）图样中所标注的尺寸是该图样所示机件的最后完工尺寸，否则应另加说明。

4）机件的每一尺寸一般只标注一次，并应标注在反映该结构最为清晰的图形上。

2. **尺寸的组成**

在图样上标注的尺寸，一般应由尺寸界线、尺寸线和尺寸数字组成，如图 1-11 所示。

（1）尺寸界线　尺寸界线用于表示在图形上标注尺寸的范围，其画法规定如下：

1）尺寸界线用细实线绘制，并应由图形的轮廓线、轴线或对称中心线处引出；也可以利用轮廓线、轴线或对称中心线作为尺寸界线，如图 1-12 所示。

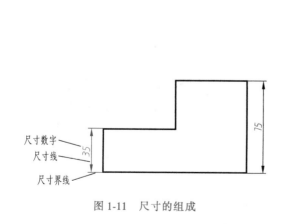

图 1-11　尺寸的组成

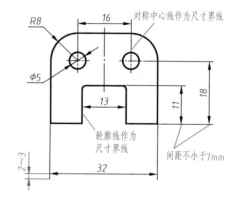

图 1-12　尺寸界线

2）尺寸界线一般应与尺寸线垂直，必要时才允许倾斜。在光滑过渡处标注尺寸时，必须用细实线将轮廓线延长，从它们的交点处引出尺寸界线，如图 1-13 所示。

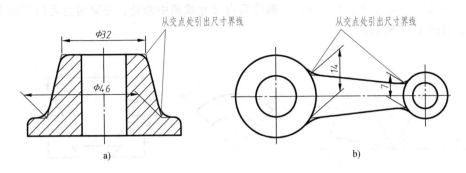

图 1-13　尺寸界线的允许画法

（2）尺寸线　尺寸线用于表示所注尺寸的度量方向，尺寸线用细实线绘制，并应与所标注的线段平行，不得超过尺寸界线。尺寸线不能用其他图线代替，一般也不能与其他图线重合或画在其延长线上。相互平行且相邻的尺寸线之间的距离是 7~10mm，如图 1-12 所示。

尺寸线与尺寸界线的相交点是尺寸线的终端。尺寸线的终端用箭头或短斜线绘制。机械图样中一般为箭头，箭头的宽度为粗实线的宽度 d，长度一般为 3.5~5mm（≥6d），如图 1-14 所示。

当画箭头的位置不足时，可以用圆点代替，也可在起止点处画出表示尺寸起止的细斜短线，细斜短线的倾斜方向应与尺寸界线顺时针方向成 45°角，长度宜为 2~3mm。

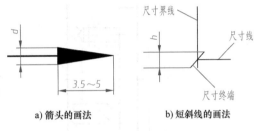

图 1-14　尺寸线终端的画法

（3）尺寸数字　尺寸数字用于表示机件实际尺寸的大小，与图形的大小无关，尺寸数字采用阿拉伯数字。

尺寸数字的注写方向如图 1-15 所示。若尺寸数字在图 1-15 所示的 30°范围内，宜按图 1-16 所示形式引出注写。

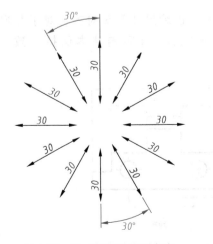

图 1-15　尺寸数字的注写方向

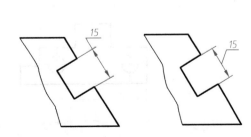

图 1-16　30°范围内尺寸数字注写形式

角度的数字一律写成水平方向，一般注写在尺寸线的中断处，必要时也可以用指引线引出注写，如图1-17所示。

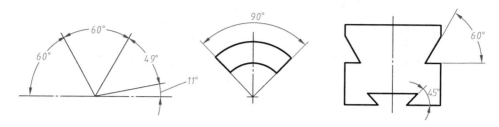

图 1-17　角度数字的标注

尺寸数字不可被任何图线通过，否则必须将该图线断开，如图1-18所示。

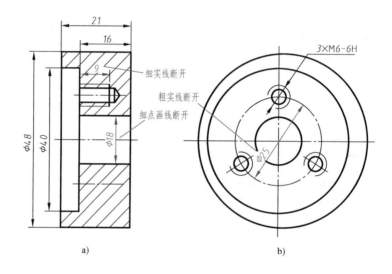

图 1-18　尺寸数字不可被任何图线通过

3. 尺寸标注方法

标注线性尺寸时，尺寸线必须与所注的线段平行。连续尺寸箭头对齐；对于并列尺寸，小尺寸在内，大尺寸在外，尺寸线间隔不小于7mm，且间隔基本保持一致，如图1-19所示。

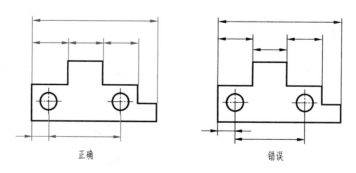

图 1-19　线性尺寸标注方法

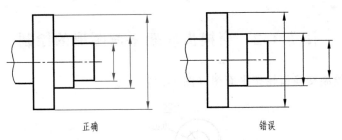

正确   错误

图 1-19 线性尺寸标注方法（续）

圆的直径和圆弧半径的尺寸线终端应画成箭头，尺寸线通过圆心或箭头指向圆心。大于或等于 180°的半圆弧一般标注直径，小于 180°的半圆弧一般标注半径，如图 1-20a 所示。当圆弧半径过大或在图样范围内无法显示圆心位置时，可采用如图 1-20b 所示的标注方法。

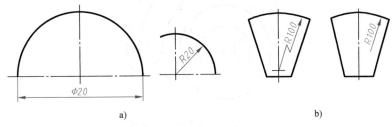

a)   b)

图 1-20 直径和半径的尺寸标注方法

可在尺寸数字前后加注符号，常用的符号有：直径 "ϕ"、半径 "R"、球直径 "$S\phi$"、球半径 "SR"、正方形 "□"、弧长 "⌒"、厚度 "t"、倒角 "C"、均布 "EQS"、理论正确尺寸 "□" 和参考尺寸 "（ ）" 等，如图 1-21 所示。

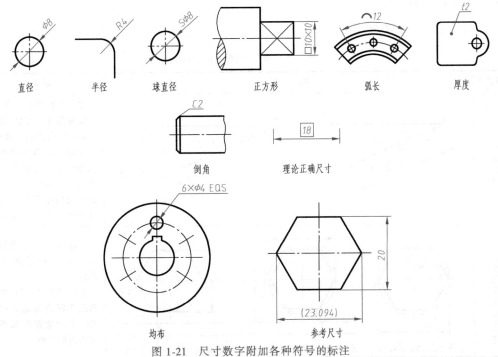

直径   半径   球直径   正方形   弧长   厚度

倒角   理论正确尺寸

均布   参考尺寸

图 1-21 尺寸数字附加各种符号的标注

任务1.2　交换齿轮架平面图形的绘制

任务描述：绘制交换齿轮架平面图（图1-22）。

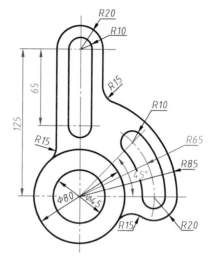

图1-22　交换齿轮架平面图

任务目标：掌握平面图形绘制方法。

▶【知识链接】

1.2.1　几何作图原理

1. 等分直线段和圆周（表1-4）

表1-4　等分直线段和圆周

作图要求	图　例	说　明
等分直线段		过已知线段的一端点，画任意角度的直线，并用分规自线段的起点量取 n 个线段。将等分的最末点与已知线段的另一端点相连，再过各等分点作该线段的平行线与已知线段相交，即得到等分点
六等分圆周及作正六边形	六等分圆周和作六边形　　已知对角距作圆内接正六边形　　已知对边距作圆外切正六边形	按作图方法，分为用三角板作图和圆规作图两种 按已知条件，有已知对角距作圆内接正六边形和已知对边距作圆外切正六边形两种

2. 圆弧连接

在实际生产中，经常见到如图 1-22 所示的交换齿轮架的零件图，图中有很多圆弧连接的画法，这些圆弧与相邻的图线之间没有明显的分界点。表 1-5 列出了圆弧连接作图方法。圆弧连接要求光滑过渡。

表 1-5　圆弧连接作图方法

已知条件	作图方法和步骤		
	1. 求连接弧圆心 O	2. 求连接点（切点）A、B	3. 画连接弧并描粗
圆弧连接两已知直线 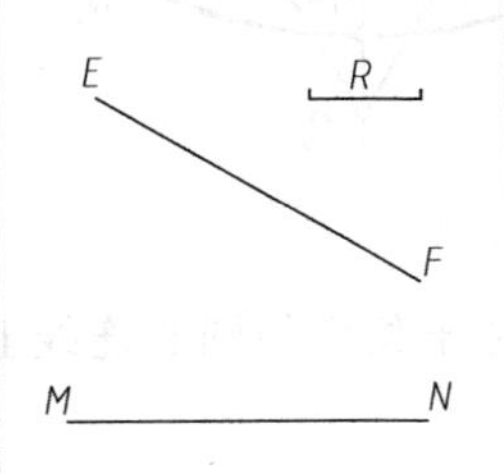 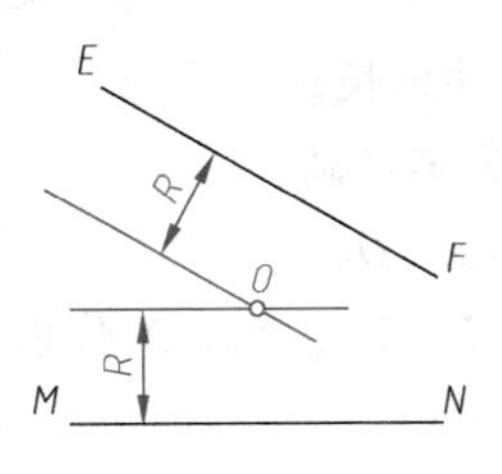 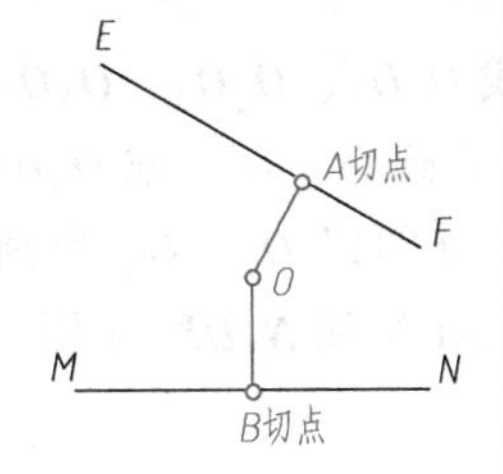 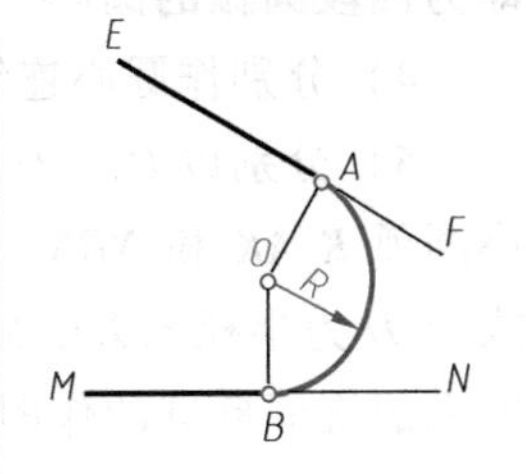			
圆弧连接已知直线和圆弧 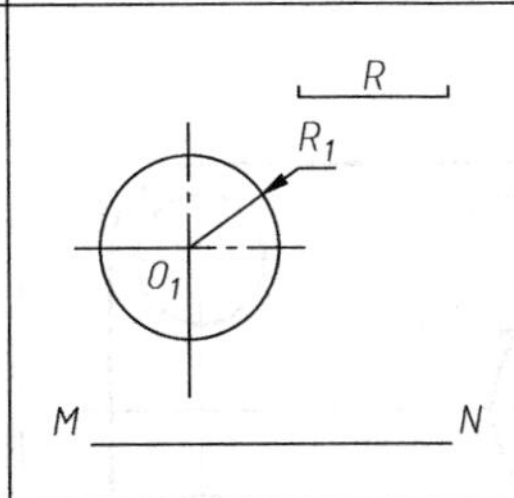 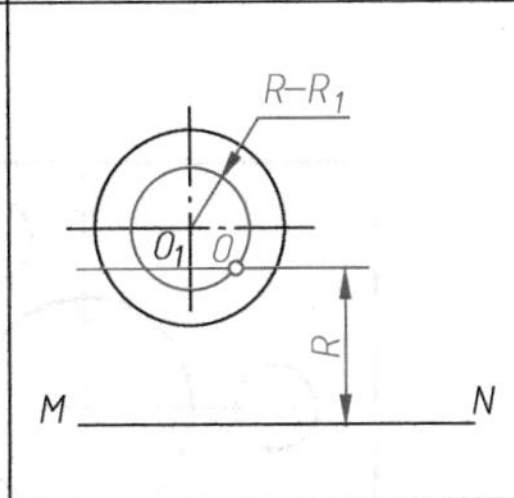 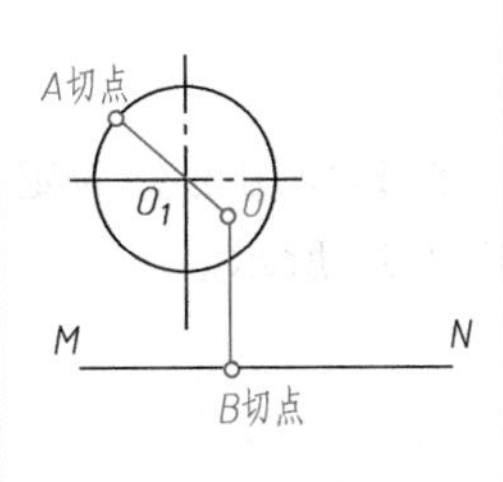 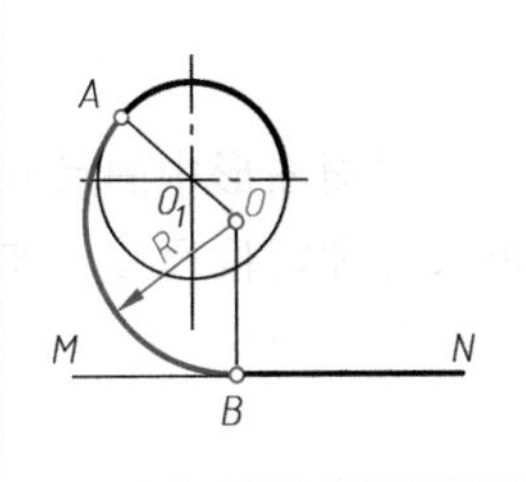			
圆弧外切连接两已知圆弧 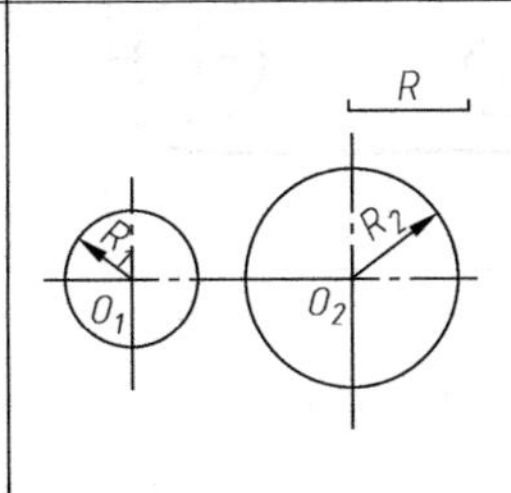 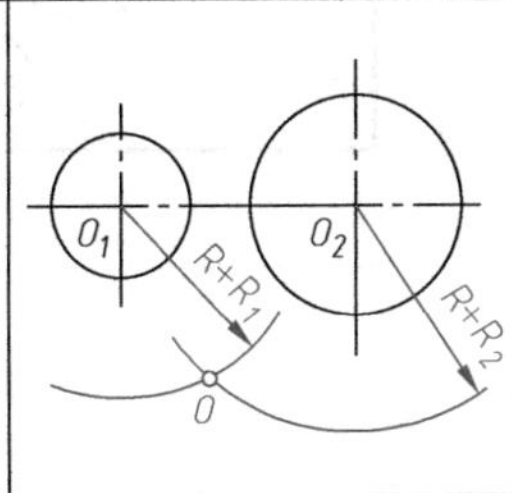 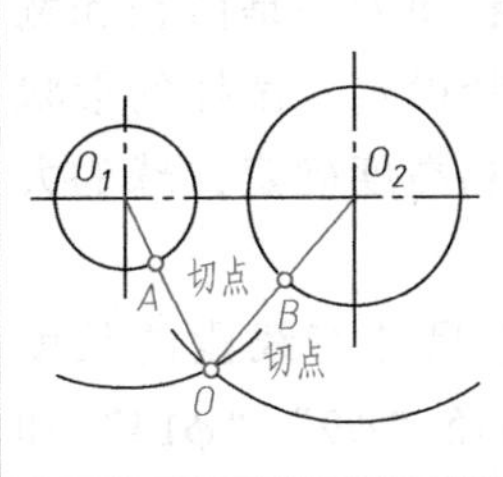 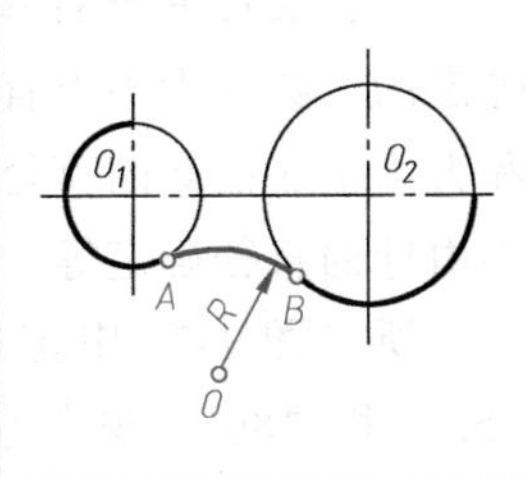			
圆弧内切连接两已知圆弧 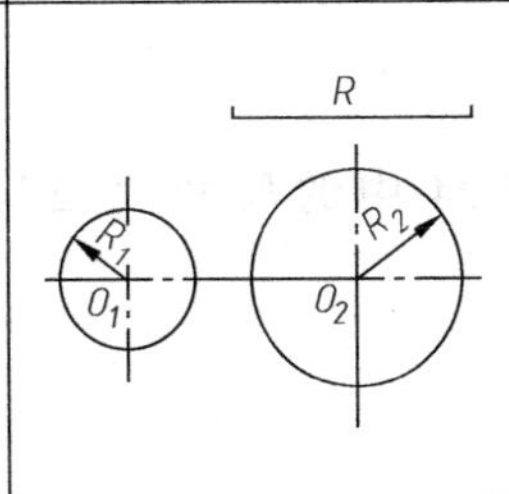 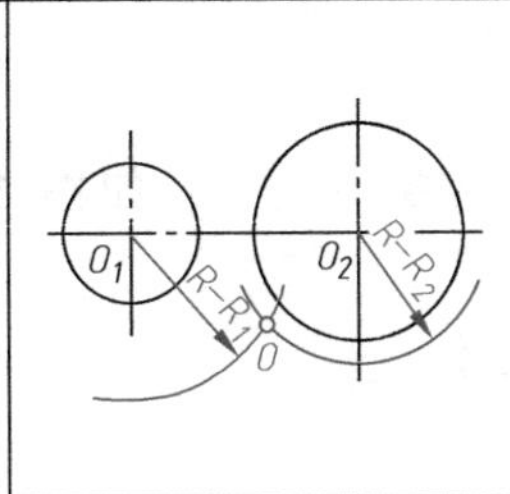 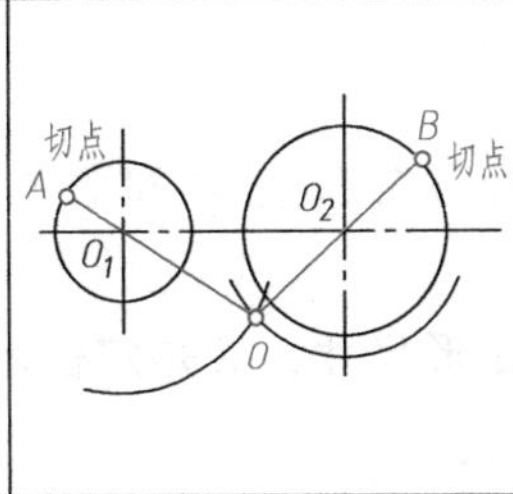 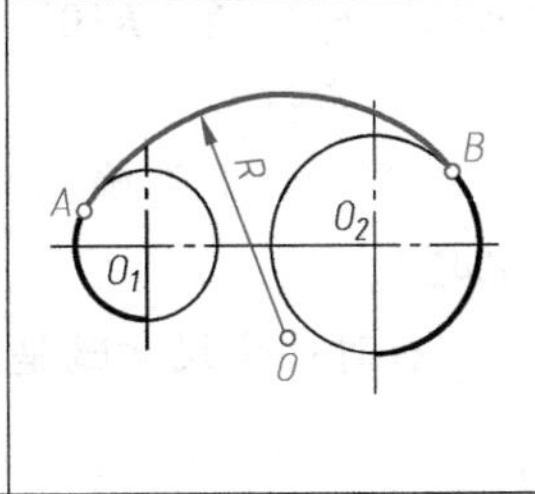			
圆弧分别内外切连接两已知圆弧 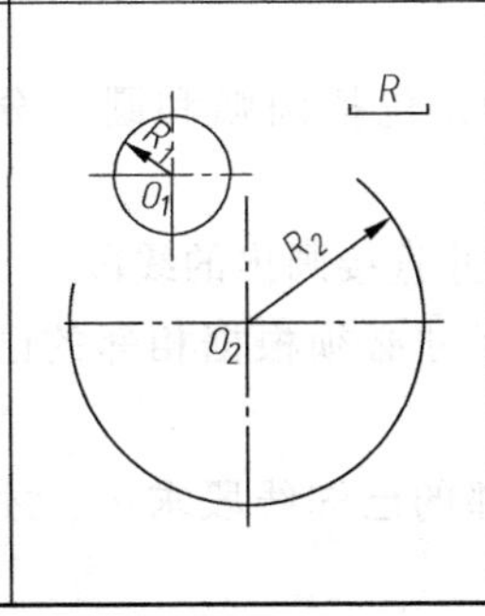 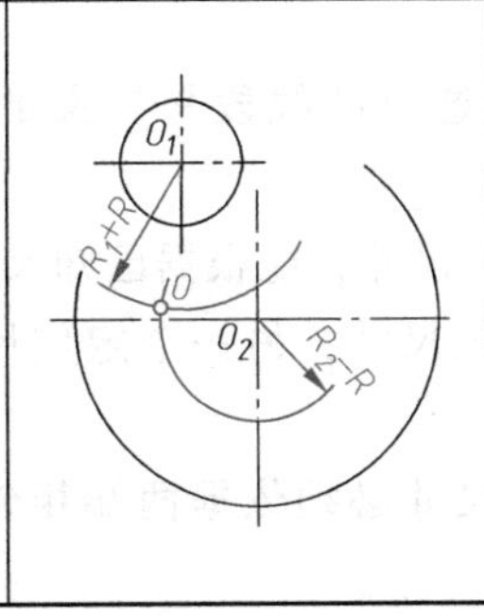 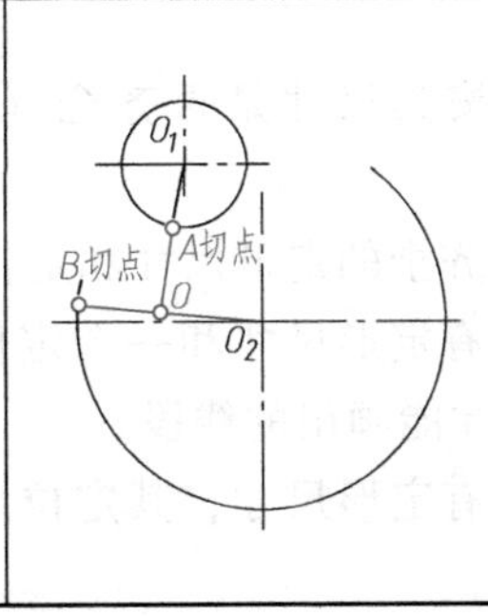 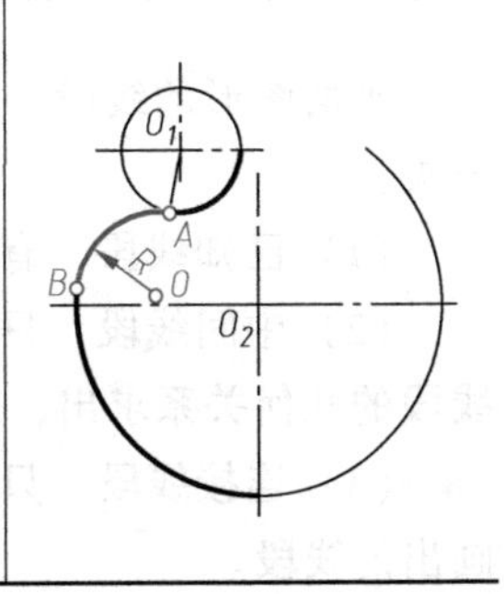			

3. 椭圆的画法（图 1-23）

1）过圆心 O 作已知长、短轴 AB 和 CD。

2）连接 A、C，以 O 为圆心、OA 为半径画弧，与 DC 的延长线交于点 E，以 C 为圆心、CE 为半径画弧，与 AC 交于点 E_1。

3）作 AE_1 的垂直平分线，与长、短轴分别交于点 O_1、O_2，再作对称点 O_3、O_4；O_1、O_2、O_3、O_4 即为四段圆弧的圆心。

4）分别作圆心连线 O_1O_4、O_2O_3、O_3O_4 并延长。

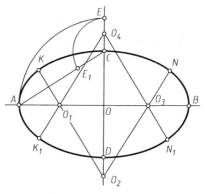

图 1-23　椭圆的画法

5）分别以 O_1、O_3 为圆心，O_1A 或 O_3B 为半径画小圆弧 K_1AK 和 NBN_1，分别以 O_2、O_4 为圆心，O_2C 或 O_4D 为半径画大圆弧 KCN 和 N_1DK_1（切点 K、K_1、N_1、N 分别位于相应的圆心连线上），即完成近似椭圆的作图。

1.2.2　平面图形尺寸分析

平面图形中的尺寸，按其作用可分为定形尺寸和定位尺寸，如图 1-24 所示。

1. 定形尺寸

定形尺寸是确定图中各部分形状和大小的尺寸，如长方形的形状和大小是由长和宽确定的，圆的大小由直径确定，圆柱的形状和大小由底面圆的直径和高度确定，球的大小由球的直径确定等。

所以图 1-24 中定形尺寸有线段的长度 "52" 和 "86"，圆的直径 "$\phi9$""$\phi14$" 和 "$\phi24$" 和半径 "$R10$" 等。

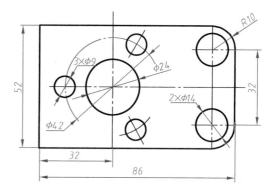

图 1-24　平面图形的尺寸

2. 定位尺寸

定位尺寸是确定图形各部分之间相对位置的尺寸，如图 1-24 中的尺寸 "32" 和 "$\phi42$"。

有时一个尺寸既是定形尺寸，又是定位尺寸。

1.2.3　平面图形的线段分析

平面图形的线段，按其尺寸是否齐全（这里的线段是广义的，包括圆弧和圆）分为三类：

（1）已知线段　有齐全的定形尺寸和定位尺寸，能根据已知尺寸直接画出的线段。

（2）中间线段　只有定形尺寸和一个定位尺寸，另一个定位尺寸必须根据相邻的已知线段的几何关系求出，才能画出的线段。

（3）连接线段　只有定形尺寸，其定位尺寸必须依据两端相邻的已知线段求出，才能画出的线段。

1.2.4 交换齿轮架平面图的画法

分析图 1-22 所示交换齿轮架的尺寸和线段，绘制交换齿轮架平面图，总结平面图形的作图步骤如下。

1）根据图 1-22 中的定位尺寸"125""65""R65""45°"确定图形的基准，如图 1-25a 所示。

2）根据图 1-22 中的定形尺寸"R20""R10""R85""φ80""φ45"绘制已知线段，如图 1-25b 所示。

3）绘制中间线段，如图 1-25c 所示。

4）**按照圆弧连接的作图原理，绘制连接线段（尺寸为"R15"的圆弧），如图 1-25d 所示。**

5）检查图中的线段，擦去多余的线段。

6）标注尺寸，加深图线，如图 1-25e 所示。

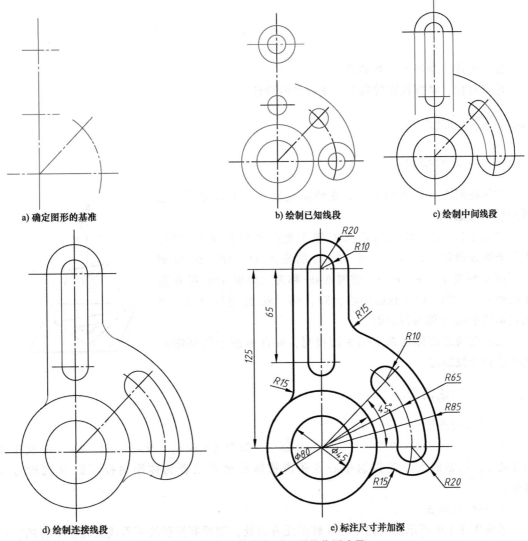

a) 确定图形的基准　　b) 绘制已知线段　　c) 绘制中间线段

d) 绘制连接线段　　e) 标注尺寸并加深

图 1-25　交换齿轮架平面图的作图步骤

项目2

小支架的三视图

国家标准规定，机械图样按正投影法绘制。

本项目选取一种结构简单的小支架作为任务载体。通过分析小支架的结构，运用正投影的概念与投影特性，绘制小支架的三视图并分析三视图的形成，总结物体三视图的投影规律。

任务 2.1 投影法

任务描述：学习投影基础知识。

任务目标：掌握投影的概念和正投影的特性。

【知识链接】

2.1.1 投影的概念

物体在阳光或灯光照射下，在地面或墙上会出现影子，这就是投影现象。

如图 2-1 所示，将三角板 ABC 置于光源 S 和平面 H 之间，则自光源 S 通过三角板顶点 A、B、C 的光线 SA、SB、SC 分别与平面 H 相交于点 a、b、c。这时 $\triangle abc$ 称为三角板 ABC 在 H 面上的投影。光源 S 称为投射中心，SA、SB、SC 称为投射线，得到投影的平面 H 称为投影面。

投射线通过物体向选定的平面投射，并在该面上得到图形的方法称为投影法。

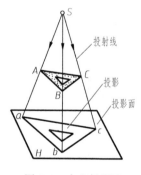

图 2-1 中心投影法

2.1.2 投影法的分类

1. 中心投影法

投射线交于一点的投影法称为中心投影法。如图 2-1 所示，投射线 SA、SB、SC 交于投射中心 S，投影的大小随投射中心 S 距离物体的远近或者物体距离投影面 H 的远近而变化。

2. 平行投影法

若将图 2-1 中所示的投射中心 S 移至无穷远处，则所有投射线可看成是相互平行的。投射线相互平行的投影法称为平行投影法，如图 2-2 所示。

根据投射线是否垂直于投影面，平行投影法又可分为：

（1）斜投影法　投射线倾斜于投影面的平行投影法称为斜投影法，如图2-2a所示。

（2）正投影法　投射线垂直于投影面的平行投影法称为正投影法，如图2-2b所示。若三角板 *ABC* 与投影面 *H* 平行，则在 *H* 面上得到的正投影——△*abc* 能反映三角板的真实形状和大小，并和三角板与投影面的距离无关。由于正投影法在投影图上容易表达空间物体的形状和大小，作图简便，所以机械图样一般均采用正投影法绘制。

用正投影法得到的图形称为正投影，简称为投影。

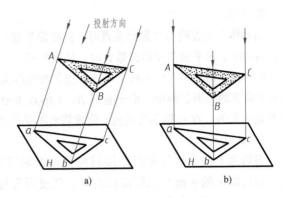

图 2-2　平行投影法

2.1.3　正投影的基本特性

如图2-3a所示，物体上的直线段与平面形（简称为直线与平面）和投影面有平行、垂直和倾斜三种位置。它们的投影分别具有如下特性：

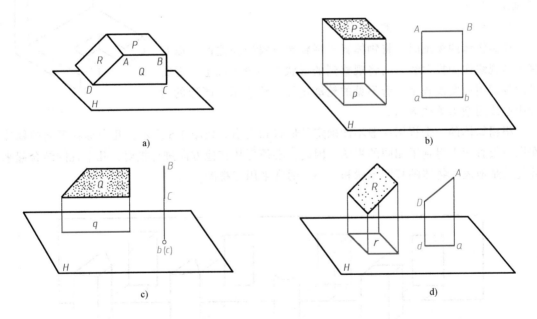

图 2-3　正投影的基本特性

1. 真实性

当物体上的直线与投影面平行时，其投影反映直线的实长；当物体上的平面与投影面平行时，其投影反映平面的实形。这种投影特性称为真实性，如图2-3b所示的平面 *P* 和直线 *AB*。

2．积聚性

当物体上的直线与投影面垂直时，其投影积聚于一点，直线上任意一点的投影均积聚在该点上；当物体上的平面与投影面垂直时，其投影积聚成一条直线，该平面上任意一点、一条线或一个图形的投影都积聚在该直线上。这种投影特性称为积聚性，如图 2-3c 所示的平面 Q 和直线 BC。在从上向下的投影过程中，由于直线 BC 上的点 B 比点 C 离投影面较远，因此点 B 将遮住点 C，点 B 是可见的，点 C 是不可见的。通常将看不见的点的投影加括号表示，如（c）。

3．类似性

当物体上的直线与投影面倾斜时，其投影仍为直线，但投影线的长度小于原直线的实长；当物体上的平面与投影面倾斜时，其投影为与原平面形状类似的平面图形，但其面积小于原图形的面积。例如：三角形的投影仍为三角形，四边形的投影仍为四边形，圆的投影为椭圆形等。这种投影特性称为类似性，如图 2-3d 所示的平面 R 和直线 AD。

真实性、积聚性和类似性是正投影的三个重要特性，必须牢固掌握。

任务 2.2　小支架三视图的形成

任务描述：绘制小支架（图 2-4）的三视图。

任务目标：掌握三视图的形成及作图规律。

▶【知识链接】

用正投影法所绘制出的物体的图形，称为视图。

绘制物体的视图时，将物体置于观察者与投影面之间，以观察者的视线作为投射线，而将观察到的形状画在投影面上。看得见的轮廓用粗实线表示，看不见的轮廓用细虚线表示，图形的对称中心线用细点画线表示。

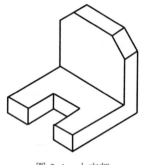

图 2-4　小支架

根据物体的一个视图一般不能确定其形状和大小。如图 2-5 所示，几个形状不同的物体在同一投影面上得到了相同的视图。因此，必须再从其他方向进行投射，几个视图结合起来才能清楚地表达物体的真实形状和大小。通常采用三视图。

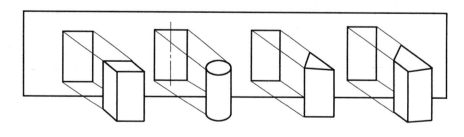

图 2-5　几个形状不同的物体在一个投影面上得到了相同的视图

2.2.1　三视图的形成

由于物体有长、宽、高三个相互垂直的方向，因此设立三个相互垂直相交的投影面，构成三面投影体系，如图 2-6 所示。三个投影面分别称为正立投影面 V（简称为正面）、水平投影面 H（简称为水平面）和侧立投影面 W（简称为侧面）。

每两个投影面的交线 OX、OY、OZ 称为投影轴，三个投影轴相互垂直且相交于一点 O，称为原点。

在绘制图样时，通常假定人的视线为一组垂直于投影面的投射线。如图 2-7a 所示，将物体置于三面投影体系中的某一固定位置上，且置于投影面与观察者之间，并使物体的主要表面处于平行或垂直于投影面的位置，用正投影法分别向 V、H、W 面投射，即可得到物体的三个视图，分别为：

主视图——由前向后投射，在 V 面上得到的视图。

图 2-6　三面投影体系

俯视图——由上向下投射，在 H 面上得到的视图。

左视图——由左向右投射，在 W 面上得到的视图。

为使三个视图画在一张图样上，必须把三个相互垂直的投影面展开摊平。如图 2-7b、c 所示，V 面保持不动，H 面绕 OX 轴向下旋转 90°，W 面绕 OZ 轴向右旋转 90°，使它们与 V 面处在同一平面上。这样，就得到了在同一平面上的三视图，如图 2-7c 所示。

OY 轴是 H 面与 W 面的交线，投影面展开后，OY 轴分为两处，在 H 面上的标以 OY_H，在 W 面上标以 OY_W，如图 2-7c 所示。

为了简化作图，投影面边框和投影轴可不必画出，因为它们与所画视图的形状及大小无关，如图 2-7d 所示。但由于三个视图是一个物体在同一位置上分别向三个投影面投射所得到的投影，因此它们之间有如下位置关系：以主视图为基准，俯视图在主视图的正下方，左视图在主视图的正右方。这种按投影关系配置的视图，不必标注视图名称，如图 2-7d 所示。视图之间的距离可根据图纸幅面和视图的大小来确定，一般均匀分布。

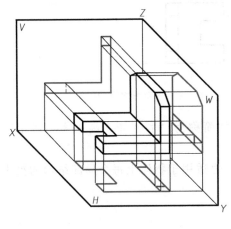

a) 三视图的形成

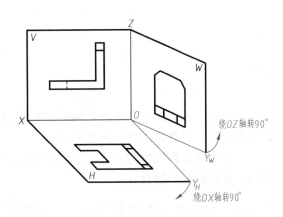

b) 三视图展开过程

图 2-7　三视图的形成及展开

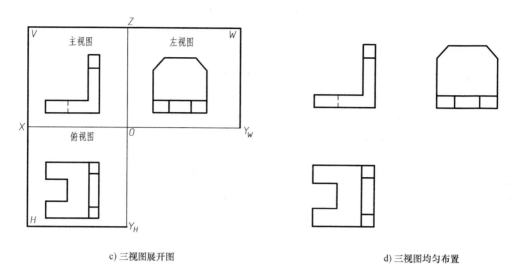

c) 三视图展开图　　　　　　　　　　　　d) 三视图均匀布置

图 2-7　三视图的形成及展开（续）

2.2.2　三视图间的投影关系

物体有长、宽、高三个方向的尺寸，每个视图都反映物体两个方向的尺寸。如果把物体左右方向的尺寸称为长，前后方向的尺寸称为宽，上下方向的尺寸称为高，则主、俯视图同时反映了物体上各部分的左右位置，主、左视图同时反映了物体上各部分的上下位置，俯、左视图同时反映了物体上各部分的前后位置，且靠近主视图的一侧是物体的后面，远离主视图的一侧是物体的前面。这样，相邻两个视图同一方向的尺寸必定相等。因此，三视图之间应存在如下投影关系，如图 2-8所示。

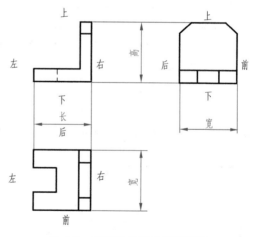

图 2-8　三视图之间的投影关系

主、俯视图中相应投影的长度相等，且要对正。

主、左视图中相应投影的高度相等，且要平齐。

俯、左视图中相应投影的宽度相等。

上述主、俯、左三个视图之间的投影关系，通常简称为"长对正、高平齐、宽相等"的三等关系。这就是三视图的投影规律。

三视图的投影规律不仅适用于整个物体的投影，也适用于物体上每个局部结构的投影。画图、读图时要严格遵守。

2.2.3　小支架三视图的作图方法和步骤

画物体的三视图时，应遵循正投影法的基本原理及三视图间的投影关系。现以图 2-4 所示的小支架为例，说明作图的方法和步骤。

1. 分析小支架的形状

小支架可以看成由底板和竖板组成。其中底板中间切去了一个方槽，竖板的上面前后各切去一个角。

2. 确定物体的位置

将小支架放平，使小支架上尽可能多的平面平行或垂直于投影面。

3. 选择主视图

主视图应尽量反映物体的主要形体特征。所以选择最能反映小支架形体特征的方向作为主视图的投射方向，并考虑其余两视图简单易画，虚线少。这样左视图与俯视图的方向也就确定了。

4. 作图

从整体到局部按三视图的投影对应规律作图，具体步骤如下：

1) 画作图基准线。一般选大孔的中心线、对称图形的对称中心线或大的平面作为作图基准，如图 2-9a 所示。

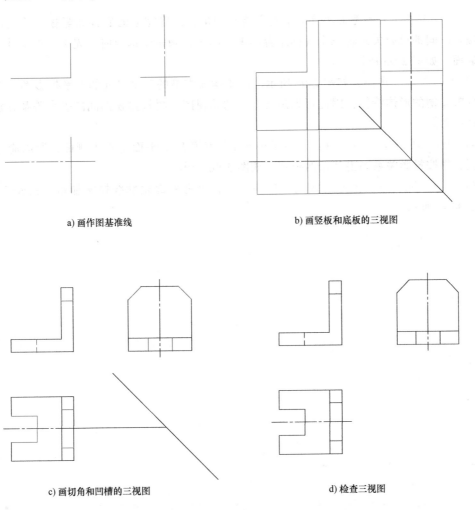

a) 画作图基准线　　　　　　　　　　b) 画竖板和底板的三视图

c) 画切角和凹槽的三视图　　　　　　d) 检查三视图

图 2-9　小支架三视图的作图步骤

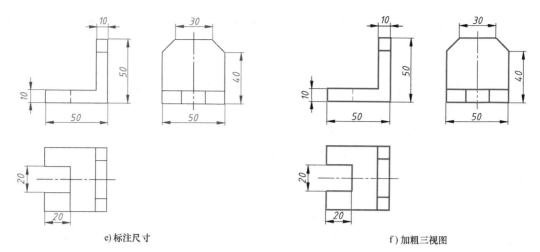

e) 标注尺寸   f) 加粗三视图

图 2-9 小支架三视图的作图步骤 (续)

2) 画三视图。先不考虑小支架上的方槽和切角，画出完整的底板和竖板。从主视图开始，按视图间的投影关系将三个视图结合起来一起画，画每个部分时，先画出投影具有积聚性的表面，如图 2-9b 所示。

3) 画方槽的三视图，如图 2-9c 所示。由于构成方槽的三个平面的水平投影都具有积聚性，反映方槽的形体特征，因此可先画出方槽的俯视图，再根据视图间的投影关系分别画出其余两视图。

4) 画竖板两个切角的三视图。由于小支架被切角后的平面垂直于侧面，所以应先画其左视图，再按投影关系画出其余两视图，如图 2-9c 所示。

5) 检查底稿，擦去多余的线条并标注尺寸，再将外部轮廓线描深加粗，完成三视图，如图 2-9d～f 所示。

项目3

常见基本体零件的投影分析

螺栓毛坯可看作由螺母毛坯和圆柱形的螺杆组成。正六棱柱螺母毛坯和圆柱都是基本体。点、直线、平面是构成基本体的基本元素,分析点、直线、平面的三视图是学习基本体三视图的基础。

任务 3.1 螺母毛坯上顶点的投影

任务描述:分析图 3-1 所示正六棱柱顶点的三面投影。

任务目标:

1) 掌握点的投影规律。

2) 了解点的空间位置。

3) 绘制点的三面投影。

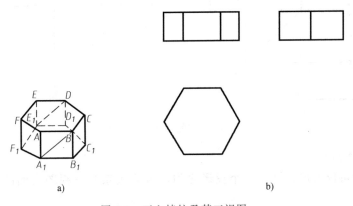

a)   b)

图 3-1 正六棱柱及其三视图

 【知识链接】

1. 点的投影分析

如图 3-2 所示,取六棱柱上一点 A,点 A 的三面投影就是由点 A 向三个投影面所作垂线的垂足,如图 3-3 所示。

点 A 在 H 面上的投影称为水平投影,用 a 表示。

点 A 在 V 面上的投影称为正面投影,用 a' 表示。

点 A 在 W 面上的投影称为侧面投影,用 a'' 表示。

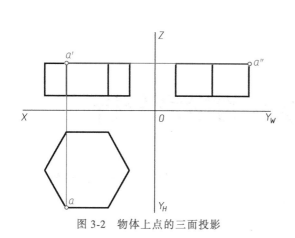

图 3-2　物体上点的三面投影

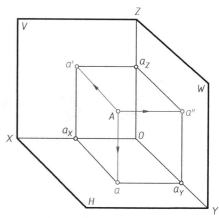

图 3-3　点的三面投影的形成

2. 点的三面投影展开

为使点 A 的三面投影 a、a'、a'' 处在一个平面上，要把三面投影体系展开在同一个平面内，如图 3-4a 所示。投影面展开时，仍然是 V 面不动，H 面向下旋转 90°，W 面向右旋转 90°；去掉投影面的边框，如图 3-4b 所示。

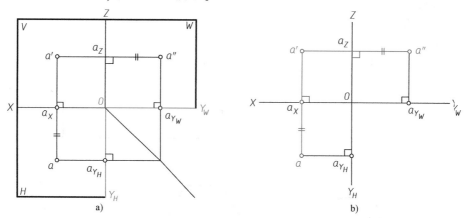

图 3-4　点的三面投影展开

3. 点的三面投影规律

从图 3-4 中可以看出，点 A 三个投影之间的投影关系与三视图之间的三等关系是一致的，即：

1）点的水平投影 a 和正面投影 a' 的连线垂直于 OX 轴，即 $aa' \perp OX$。

2）点的正面投影 a' 和侧面投影 a'' 的连线垂直于 OZ 轴，即 $a'a'' \perp OZ$。

3）点的水平投影 a 到 OX 轴的距离等于其侧面投影 a'' 到 OZ 轴的距离。因此，过 a 的水平线与过 a'' 的垂直线必相交于过原点 O 的 45°斜线上。

三面投影体系相当于三维坐标系，以投影面为坐标面，投影轴为坐标轴，O 为坐标原点，则空间一点 A 到三个投影面的距离便是点 A 的 X、Y、Z 坐标，如图 3-3 所示，即 A (X，Y，Z)。因此，点的投影、点的坐标与点到投影面的距离有如下关系：

点 A 到 H 面的距离　$Aa = a'a_X = a''a_Y = $ 点 A 的 Z 坐标。

点 A 到 V 面的距离　$Aa' = aa_X = a''a_Z = $ 点 A 的 Y 坐标。

点 A 到 W 面的距离　$Aa'' = a'a_Z = aa_Y = $ 点 A 的 X 坐标。

由上述关系可知，点 A 的正面投影 a' 由 X、Z 坐标确定，水平投影 a 由 X、Y 坐标确定，侧面投影 a'' 则由 Y、Z 坐标确定，并且点的任意两个投影都反映了点的三个坐标值。因此，若已知点的坐标 X、Y、Z，便可作该点的投影图；反之，画出了点的投影图，也就唯一地确定了该点的坐标值。

例 3-1　已知点 A 的正面投影 a' 和侧面投影 a''，求作其水平投影 a，如图 3-5a 所示。

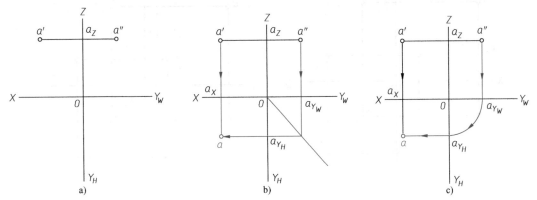

图 3-5　由点的两面投影求作第三面投影

解：根据点的投影规律，其作图步骤如下：

1）由于点 A 的水平投影 a 与正面投影 a' 的连线垂直于 OX 轴，所以过 a' 作 OX 轴的垂线，a 必在此垂线上。

2）由于 a 到 OX 轴的距离等于 a'' 到 OZ 轴的距离，为此，过 a'' 作 OY_W 轴的垂线并与过 O 点的 45° 斜线相交于一点，过交点再作 OX 轴的平行线，与过 a' 所作垂线相交即得 a，如图 3-5b 所示。

也可过 a'' 作垂线与 OY_W 轴相交于 a_{Y_W}，然后以 Oa_{Y_W} 为半径、以点 O 为圆心作圆弧与 OY_H 轴交于 a_{Y_H}，再过 a_{Y_H} 作 OX 轴的平行线，与过 a' 所作垂线相交即得点 a，如图 3-5c 所示。

例 3-2　作点 B（8，15，10）的三面投影。

解：由已知坐标值先作点 B 的正面投影 b' 和水平投影 b，再根据投影关系求出其侧面投影 b''。作图步骤如下：

1）画出投影轴，并在 OX 轴上量取 $X = 8\text{mm}$ 得 b_X，如图 3-6a 所示。

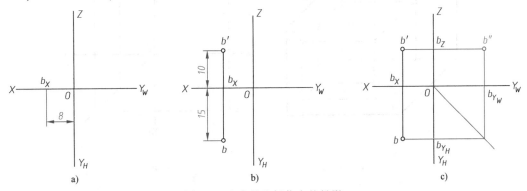

图 3-6　由点的坐标作点的投影

2）过 b_X 作 OX 轴的垂线。在垂线上从 b_X 向下量取 $Y = 15mm$ 得到水平投影 b，向上量取 $Z = 10mm$ 得到正面投影 b'，如图 3-6b 所示。

3）由 b 和 b' 求得 b''，如图 3-6c 所示。

例 3-3 读 A、B 两点的投影图，比较其空间位置，如图 3-7a 所示。

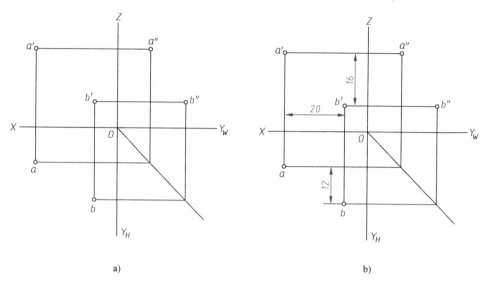

a)   b)

图 3-7 读点的投影图

解：由投影图可得点的坐标，两点的相对位置则由两点的坐标差确定。若以点 A 为基准，可根据投影图直接看出点 B 在点 A 的右方、下方、前方。比较 A、B 两点的坐标值，可知点 B 在点 A 右方 20mm、下方 16mm、前方 12mm 的位置，如图 3-7b 所示。

当两点处于同一条投射线上时，在相应的投影面上它们的投影会重合在一起。这两个点就称为对该投影面的一对重影点。重影点的可见性需根据点到这个投影面的距离大小来判断，距离大的可见，投影点不需要加括号，距离小的不可见，投影点需要用括号括起来，如图 3-8 所示。

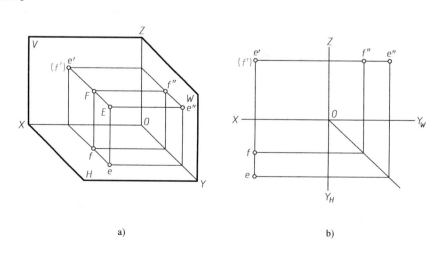

a)   b)

图 3-8 重影点可见性的判别

任务 3.2　螺母毛坯上直线的投影

任务描述：分析螺母毛坯上不同位置直线的投影。即分析图 3-1 所示正六棱柱中各棱边的投影。

任务目标：

1）掌握直线的投影规律。

2）了解直线的空间位置。

3）能绘制直线的投影并分析直线的空间位置关系。

【知识链接】

3.2.1　直线的投影

直线的投影一般仍然是直线，如图 3-9a 所示的直线 *CD*。当直线垂直于投影面时，其投影积聚成一点，如图 3-9a 所示的直线 *AB*。由于直线 *AB* 垂直于 *H* 面，所以从上往下看时点 *B* 被点 *A* 遮住，是不可见的。不可见点的投影应用在字母外加括号的方法表示，如图 3-9a 所示。

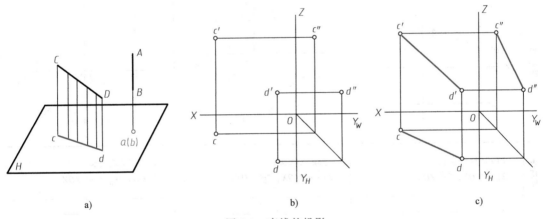

图 3-9　直线的投影

两点可以确定一条直线，因此，直线的投影实际上是直线上两点的同面投影（在同一投影面上的投影）的连线。例如：已知直线上两个端点 *C* 和 *D* 的三面投影，如图 3-9b 所示，将它们的同面投影连接起来，即得到直线 *CD* 的三面投影，如图 3-9c 所示。

3.2.2　各种位置直线的投影特性

直线按其与投影面的相对位置，可分为投影面平行线、投影面垂直线及一般位置直线三种，前两种均称为特殊位置直线。

1. 投影面平行线

平行于一个投影面而与另外两个投影面倾斜的直线，称为投影面平行线。**投影面平行线又可分为以下三种。**

1）正面平行线，简称为正平线。它平行于 V 面，倾斜于 H 面及 W 面。

2）水平面平行线，简称为水平线。它平行于 H 面，倾斜于 V 面及 W 面。

3）侧面平行线，简称为侧平线。它平行于 W 面，倾斜于 H 面及 V 面。

投影面平行线的投影特性：在直线所平行的投影面上，其投影反映实长并倾斜于投影轴；其余两个投影分别平行于相应的投影轴且小于实长。正平线、水平线及侧平线的投影特性见表 3-1。

表 3-1　投影面平行线的投影特性

	正平线	水平线	侧平线
立体图			
投影图			
投影特性	1）$a'd'$反映实长 2）$ad//OX,a''d''//OZ$	1）ag 反映实长 2）$a'g'//OX,a''g''//OY_W$	1）$h''n''$反映实长 2）$hn//OY_H,h'n'//OZ$
示例			

2. 投影面垂直线

垂直于一个投影面的直线，称为投影面垂直线。因三个投影面是相互垂直的，所以直线与一个投影面垂直，必定与另外两个投影面平行。投影面垂直线可分为以下三种。

1）水平面垂直线，简称为铅垂线。它垂直于 H 面，平行于 V 面及 W 面。

2）正面垂直线，简称为正垂线。它垂直于 V 面，平行于 H 面及 W 面。

3）侧面垂直线，简称为侧垂线。它垂直于 W 面，平行于 H 面及 V 面。

投影面垂直线的投影特性：在直线所垂直的投影面上，其投影积聚成一点；另外两个投影分别垂直于相应的投影轴且反映实长。

铅垂线、正垂线和侧垂线的投影特性见表3-2。

表 3-2　投影面垂直线的投影特性

	铅垂线	正垂线	侧垂线
立体图	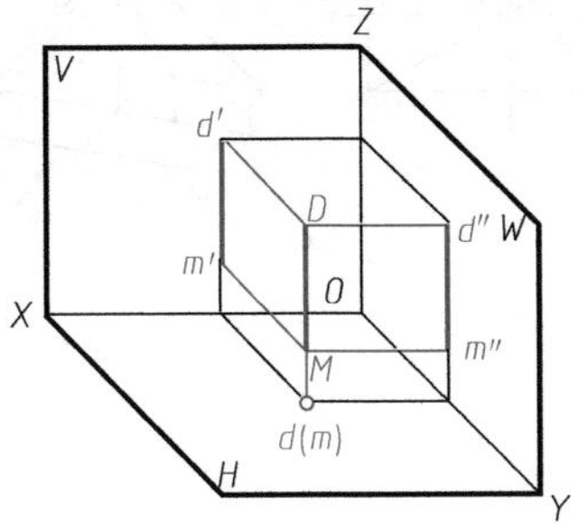	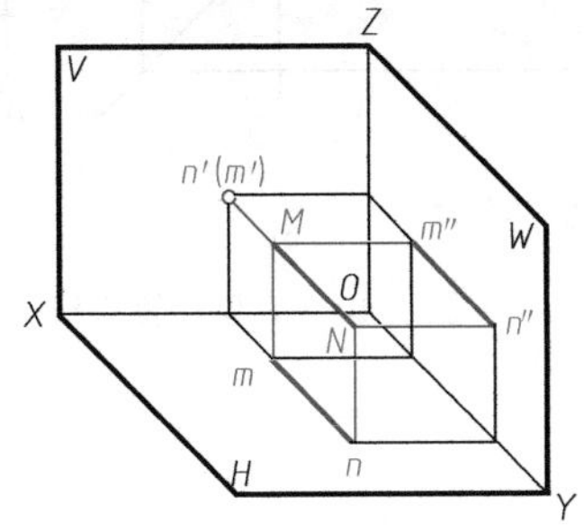	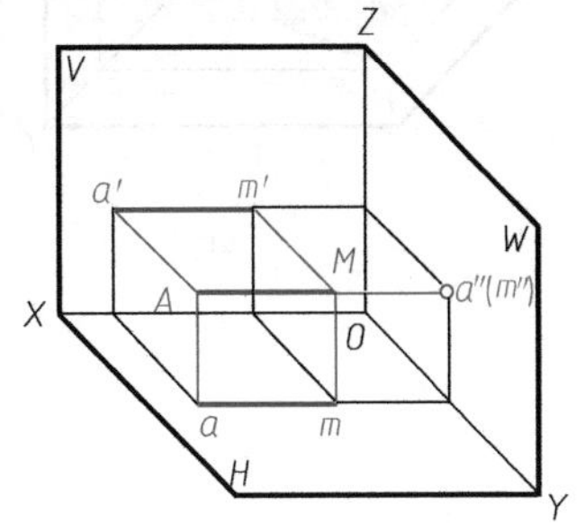
投影图	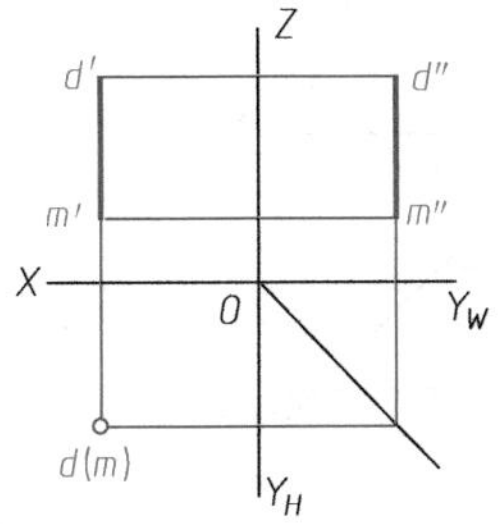	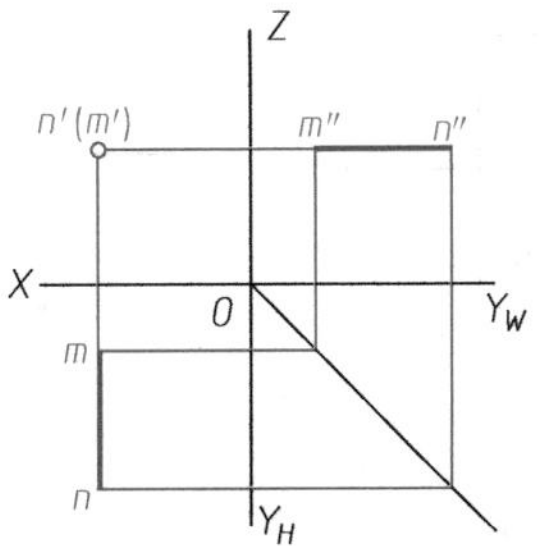	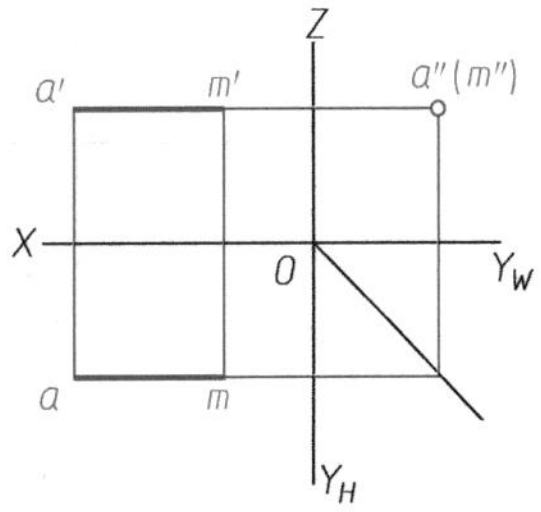
投影特性	1)$d(m)$积聚成一点 2)$d'm'\perp OX$,$d''m''\perp OY_W$ 3)$d'm'$和$d''m''$反映实长	1)$n'(m')$积聚成一点 2)$nm\perp OX$,$n''m''\perp OZ$ 3)nm和$n''m$反映实长	1)$a''(m'')$积聚成一点 2)$am\perp OY_H$,$a'm'\perp OZ$ 3)am和$a'm'$反映实长
示例	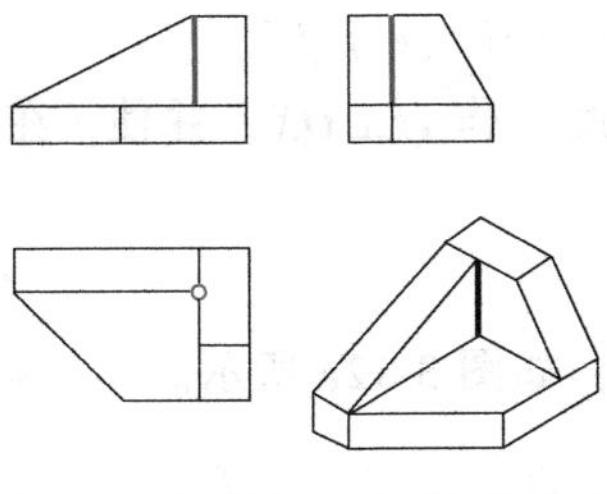	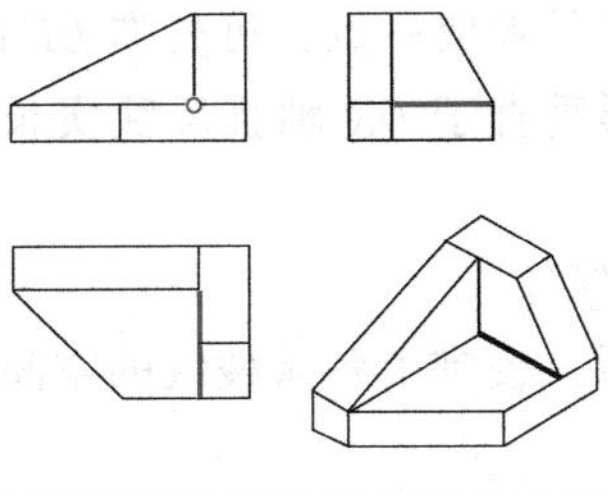	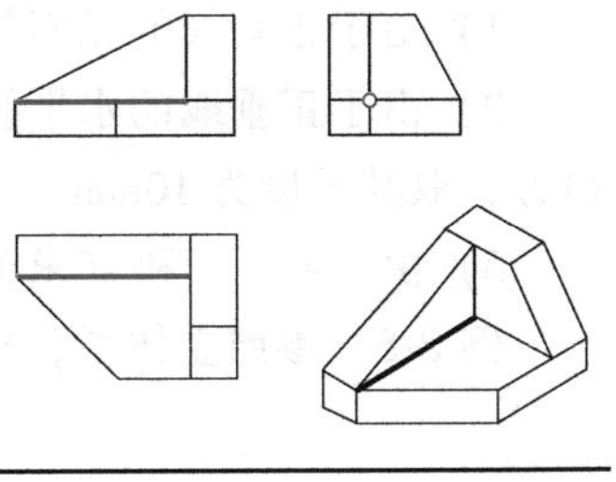

3. 一般位置直线

与三个投影面都倾斜的直线，称为一般位置直线，如图3-10所示。

一般位置直线的投影特性：在三个投影面上的投影都倾斜于投影轴，且小于实长。

根据一般位置直线的投影图，通过比较直线上两个端点的坐标值，可以判别该直线的空间位置。如图3-10所示直线AS，由于两个端点A和S的坐标值有$X_A>X_S$，$Y_A>Y_S$，$Z_A<Z_S$，因此，若以点A为基准，则点S在点A的右、后、上方，即直线AS（由A到S）是由左、前、下方指向右、后、上方。

例3-4　过点E作一长度为10mm的正垂线EF，点F在点E的正前方，如图3-11a所示。

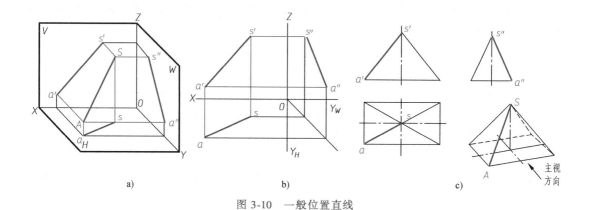

图 3-10   一般位置直线

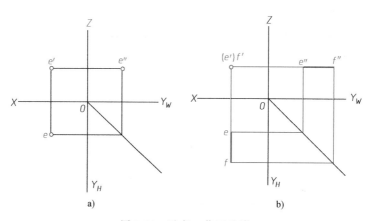

图 3-11   过点 E 作正垂线

解:

1）由于正垂线的正面投影积聚成一点，可先作 *EF* 的正面投影 (*e'*) *f'*。

2）由于正垂线的水平投影垂直于 *OX* 轴且反映实长，因此，作 *ef*⊥*OX*，并使 *f* 在 *e* 的前方，取其长度为 10mm。

3）由 (*e'*) *f'* 和 *ef* 求得 *e"f"*。

例 3-5   参照立体图，分析三棱锥上各条棱线的空间位置，如图 3-12a 所示。

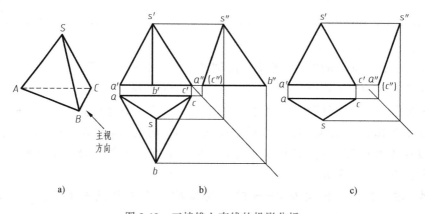

图 3-12   三棱锥上直线的投影分析

解：

1）按照三棱锥上每条棱线所标的字母，将它们的投影从视图中分离出来。例如：棱线 SA 分离以后的投影为 sa、s'a'、s"a"，如图 3-12c 所示，侧棱 SA 的侧面投影和平面 SAC 的侧面投影重合。

2）根据不同位置直线的投影图特征，如图 3-12b 所示，判别各条棱线的空间位置。SA 为一般位置线；AB 为水平线；SB 为侧平线；BC 为水平线；SC 为一般位置线；AC 为侧垂线。

思考题：如图 3-1 所示，在正六棱柱中，将所有棱线画出来，你能分析出它们的空间位置吗？

任务 3.3　螺母毛坯上平面的投影

任务描述：分析螺母毛坯上各平面的投影。即分析图 3-1 所示正六棱柱各平面的投影。

任务目标：掌握平面的投影规律，了解正六棱柱各平面的投影特性。

▶【知识链接】

3.3.1　平面的投影

平面通常用三角形、四边形、圆等平面图形表示。如图 3-1 所示的正六棱柱的平面是正六边形和长方形，平面的投影一般仍然是平面。如图 3-13 所示，若求作 △ABC 在 H 面上的投影，可先作其上三个顶点 A、B、C 的投影 a、b、c，然后将各顶点的同面投影连接起来，即得到该平面的投影 △abc。由此可知，作平面的投影仍然是以点、直线的投影为基础的。

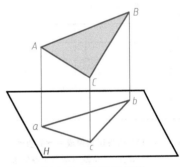

图 3-13　平面的投影

3.3.2　各种位置平面的投影特性

平面按其与投影面的相对位置，可分为投影面垂直面、投影面平行面和一般位置平面三种，前两种均称为特殊位置平面。

1. 投影面垂直面

垂直于一个投影面而与另外两个投影面倾斜的平面，称为投影面垂直面。它可分为以下三种：

1）正面垂直面，简称为正垂面。它垂直于 V 面，倾斜于 H 面及 W 面。

2）水平面垂直面，简称为铅垂面。它垂直于 H 面，倾斜于 V 面及 W 面。

3）侧面垂直面，简称为侧垂面。它垂直于 W 面，倾斜于 H 面及 V 面。

投影面垂直面的投影特性（表 3-3）：在平面所垂直的投影面上，其投影积聚成一倾斜直线；其余两个投影均为缩小的类似形。

2. 投影面平行面

平行于一个投影面的平面，称为投影面平行面。因为三个投影面是相互垂直的，所以平面与一个投影面平行，必定与另外两个投影面垂直。投影面平行面可分为以下三种：

表 3-3　投影面垂直面的投影特性

	正垂面	铅垂面	侧垂面
立体图	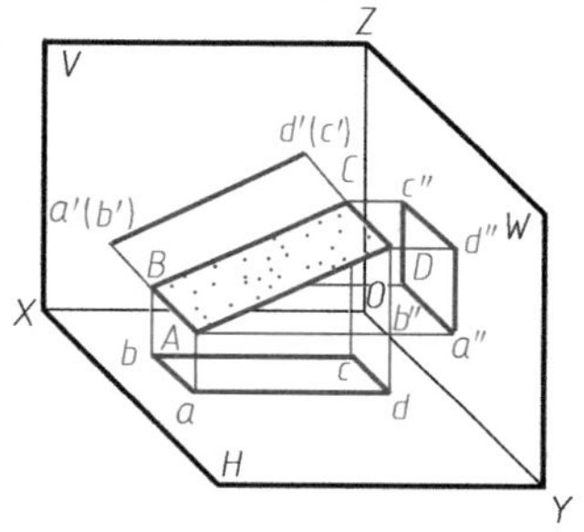	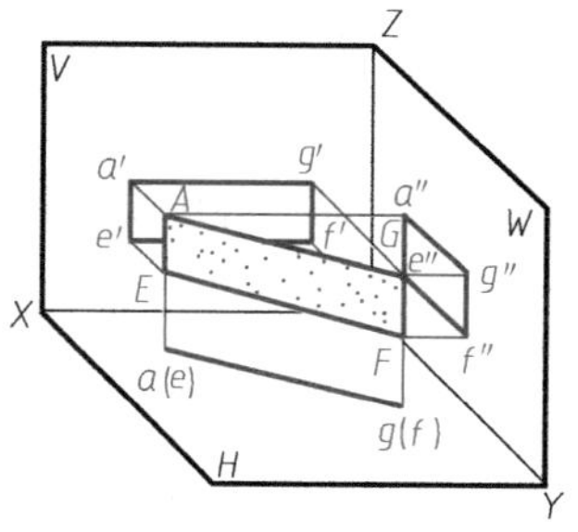	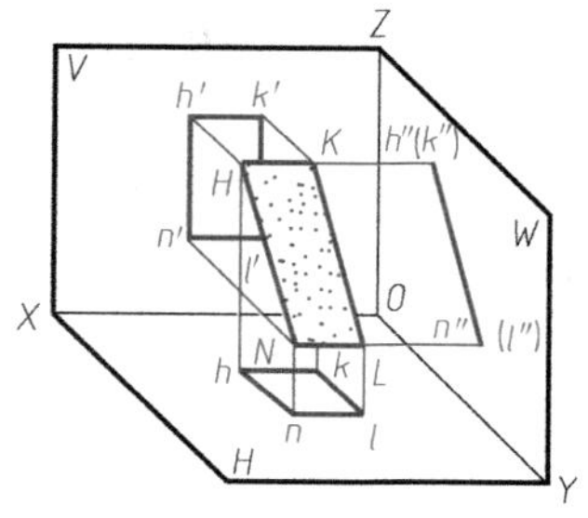
投影图	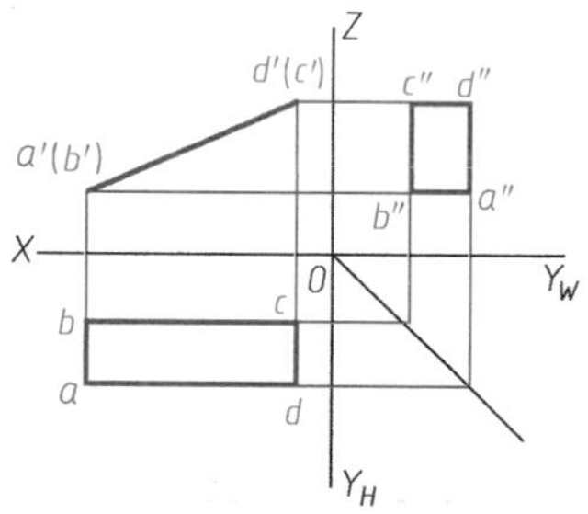	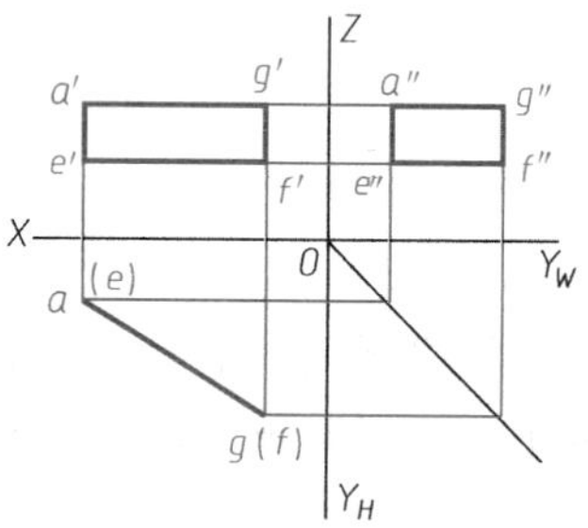	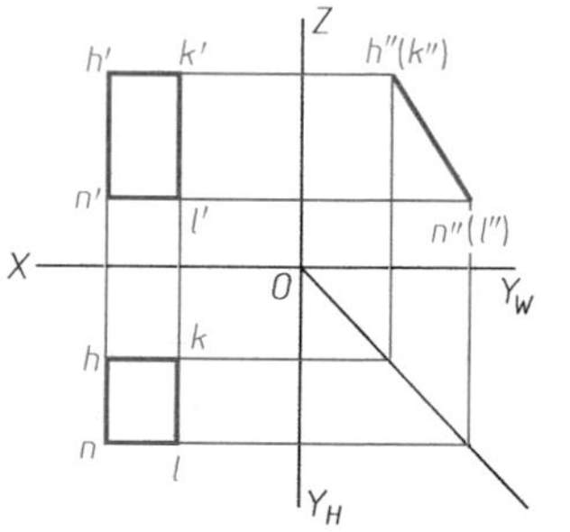
投影特性	1)V 面投影积聚成一倾斜直线 2)H、W 面投影为缩小的类似形	1)H 面投影积聚成一倾斜直线 2)V、W 面投影为缩小的类似形	1)W 面投影积聚成一倾斜直线 2)H、V 面投影为缩小的类似形
示例	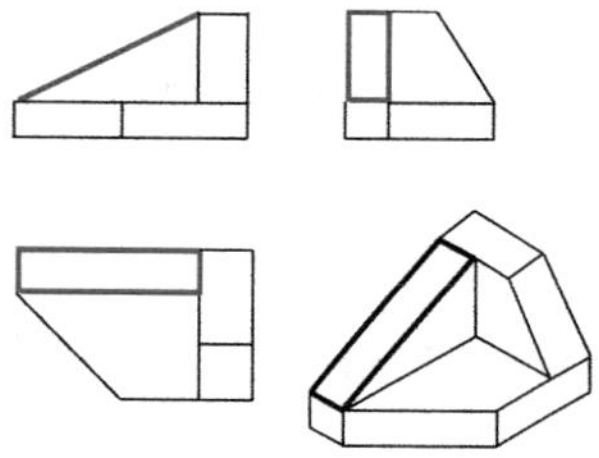	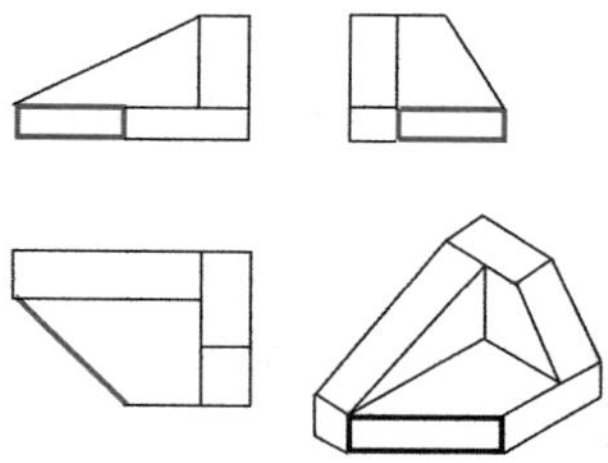	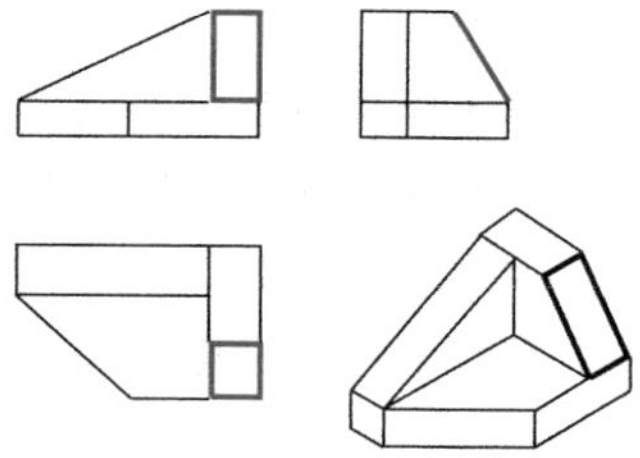

1）正面平行面，简称为正平面。它平行于 V 面，垂直于 H 面及 W 面。

2）水平面平行面，简称为水平面。它平行于 H 面，垂直于 V 面及 W 面。

3）侧面平行面，简称为侧平面。它平行于 W 面，垂直于 H 面及 V 面。

投影面平行面的投影特性（表 3-4）：在平面所平行的投影面上，其投影反映实形；其余两个投影积聚成直线且分别平行于相应的投影轴。

表3-4　投影面平行面的投影特性

	正平面	水平面	侧平面
立体图	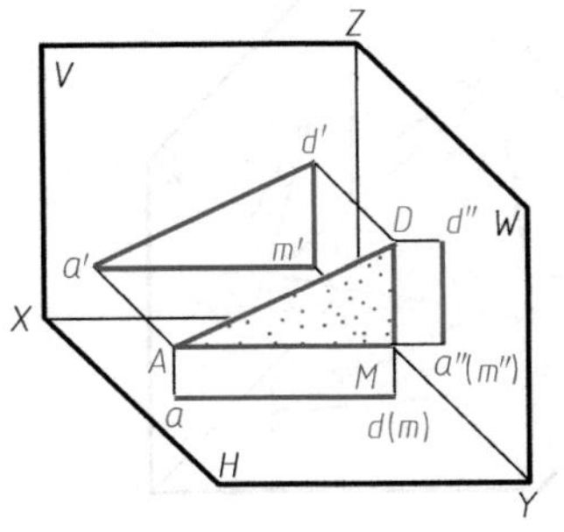	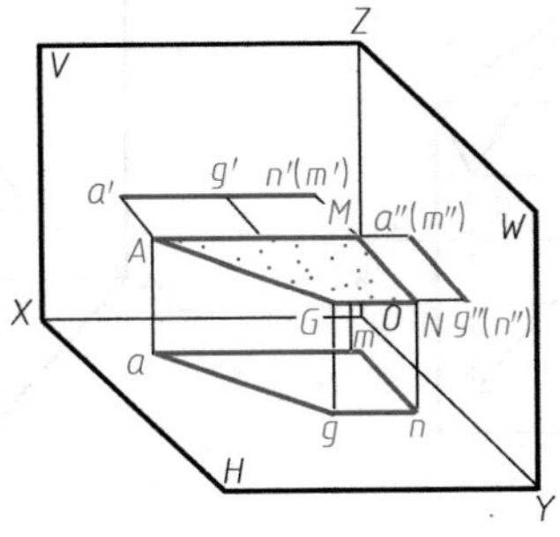	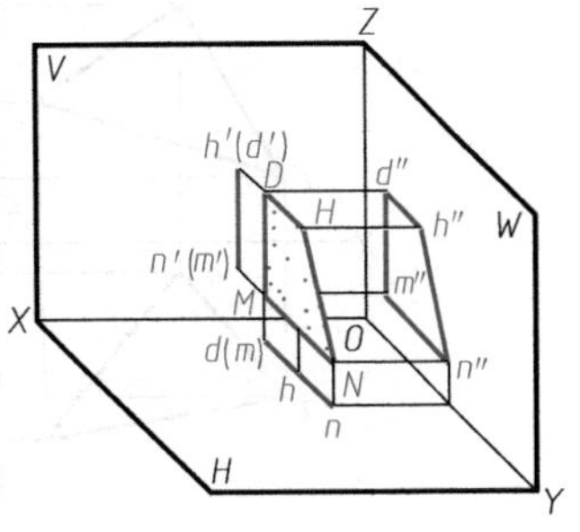
投影图	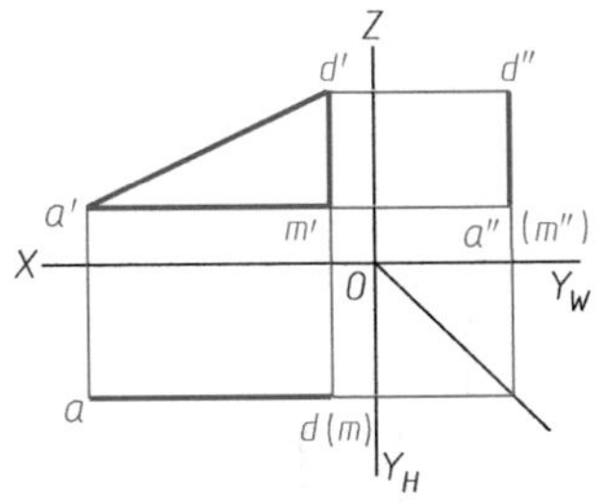	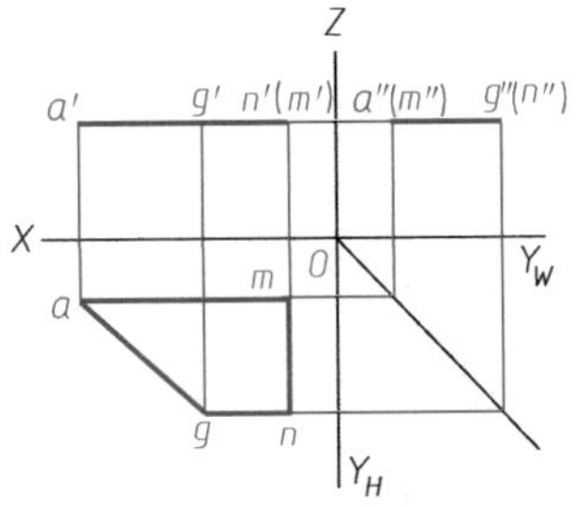	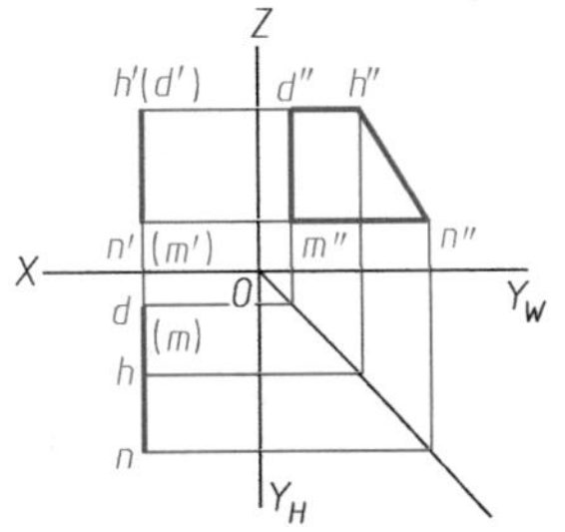
投影特性	1) V面投影反映实形 2) H面投影积聚成直线,且平行于 OX 轴;W面投影积聚成直线,且平行于 OZ 轴	1) H面投影反映实形 2) V面投影积聚成直线,且平行于 OX 轴;W面投影积聚成直线,且平行于 OY_W 轴	1) W面投影反映实形 2) H面投影积聚成直线,且平行于 OY_H 轴;V面投影积聚成直线,且平行于 OZ 轴
示例	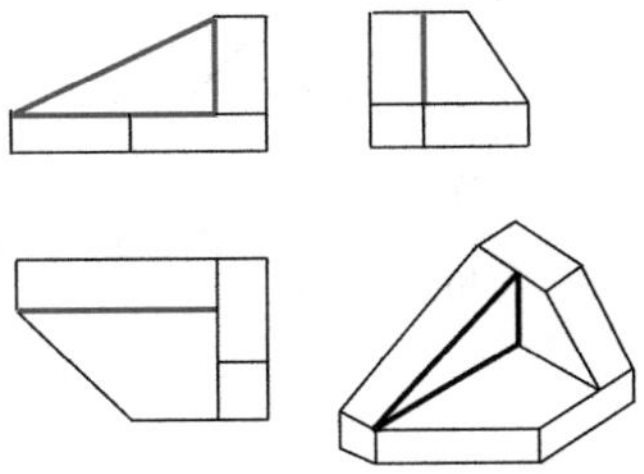	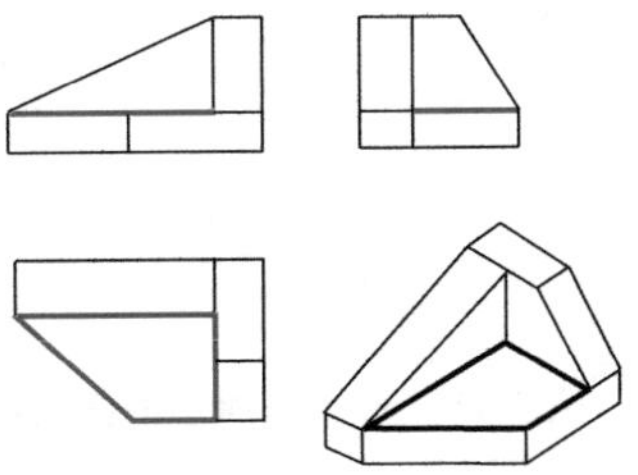	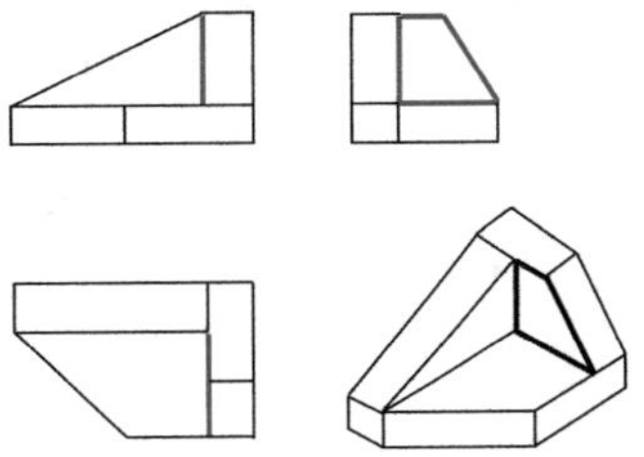

3. 一般位置平面

倾斜于三个投影面的平面,称为一般位置平面。

如图 3-14 所示,△ABC 与三个投影面既不平行也不垂直,因此,它的各面投影既不反映实形,也没有积聚性,均为原平面缩小的类似形。

例 3-6　已知平面形的正面投影和水平投影,求作其侧面投影,如图 3-15a 所示。

解:如图 3-15a 所示,平面形为一垂直于 H 面的六边形,只要求出六边形六个顶点的侧面投影,并按顺序连接,即可得到该六边形的侧面投影。

作图如图 3-15b 所示。

1) 在六边形的正面投影上,按顺序标上字母 a′、b′、c′、d′、e′、f′,即为六个顶点的正面投影。

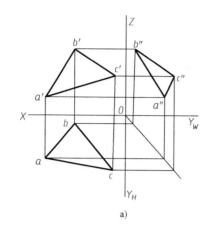
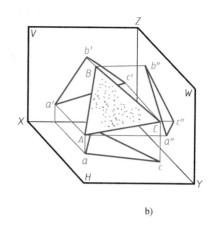

图 3-14   一般位置平面

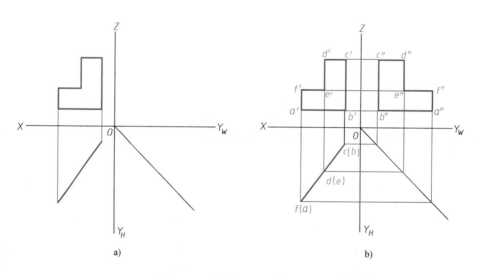

图 3-15   求作平面形的侧面投影

2）由于六边形垂直于 *H* 面，其水平投影有积聚性，因此可直接求得六个顶点的水平投影（*a*）、（*b*）、*c*、*d*、（*e*）、*f*。

3）由各点的正面投影和水平投影，可求得它们的侧面投影 a''、b''、c''、d''、e''、f''。

4）按顺序连接 a''、b''、c''、d''、e''、f''、a''，即得六边形的侧面投影。

例 3-7   参照立体图，分析三棱锥上各平面的空间位置，如图 3-16a 所示。

解：

1）按照三棱锥上每个平面所标的字母，将它们的投影从视图中分离出来。例如：$\triangle SAC$ 分离出来以后的投影为 $\triangle sac$、$\triangle s'a'c'$ 及线 $s''a''$，如图 3-16c 所示。

2）根据不同位置平面投影图的特征，如图 3-16b 所示，判别三棱锥上各平面的空间位置。$\triangle SAC$ 为侧垂面；$\triangle SBC$、$\triangle SAB$ 为一般位置平面；$\triangle ABC$ 为水平面。

思考题：如图 3-1 所示，在正六棱柱中，你能找出各种位置的平面吗？

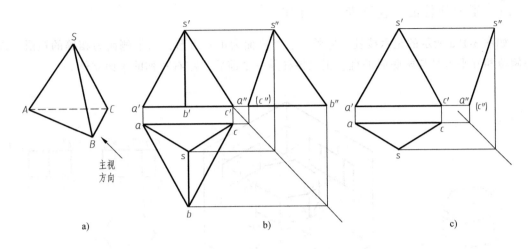

图 3-16　三棱锥上平面的投影分析

任务 3.4　螺母毛坯的三视图

任务描述： 螺母毛坯的形体是正六棱柱，绘制图 3-1 所示正六棱柱的三视图。

任务目标：

1）掌握正六棱柱的三视图画法。

2）掌握正四棱锥的三视图画法。

【知识链接】

任何形状复杂的形体都是由比较简单的形体组成的，这些简单的形体称为基本体。基本体被平面截切后的不完整体称为截断体。螺母毛坯的形体是正六棱柱。

基本体分为平面立体和曲面立体两类，如图 3-17 所示。表面都是平面的立体，称为平面立体，如棱柱、棱锥。表面是曲面或曲面和平面的立体，称为曲面立体。曲面可分为规则曲面和不规则曲面两类。规则曲面可看作由一条线按一定的规律运动所形成的，运动的线称为母线，而曲面上任一位置的母线称为素线。母线绕轴线旋转则形成回转面。常见的曲面立体是回转体，如圆柱、圆锥、球、圆环。

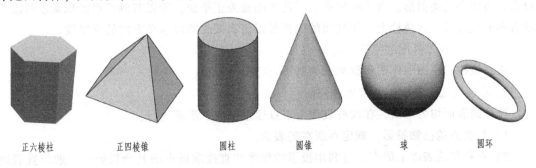

| 正六棱柱 | 正四棱锥 | 圆柱 | 圆锥 | 球 | 圆环 |

图 3-17　基本体的分类

3.4.1　正六棱柱的三视图及尺寸标注

如图 3-18a 所示的正六棱柱，它的上、下底面为正六边形，六个侧面为相等的矩形，六条侧棱相互平行且与两底面垂直。正六棱柱是一个前后、左右对称的平面立体。

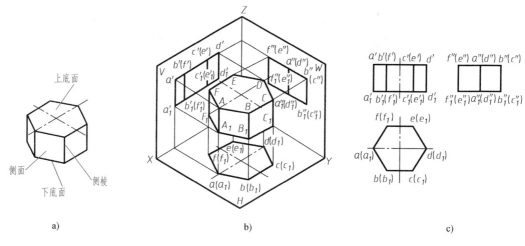

a)　　　　　　　　　　　b)　　　　　　　　　　　c)

图 3-18　正六棱柱的三视图

1. 正六棱柱的视图分析

为了作图方便，将正六棱柱置于图 3-18b 所示位置，即上、下底面与 H 面平行，前、后两个侧面与 V 面平行。这时，左、右四个侧面与 H 面垂直，六条侧棱相互平行且垂直于 H 面。图 3-18c 所示为正六棱柱的三视图。

1）正六棱柱的俯视图是正六边形，它是上、下底面的重合投影且反映实形。正六边形的六条边是棱柱上六个侧面的积聚投影，也是上、下底面的六条边的投影。六条棱线的水平投影则积聚在六个顶点上。

2）正六棱柱的主视图是三个相连的矩形线框。中间一个较大的矩形线框 $b'b_1'c_1'c'$ 是棱柱前、后两个侧面的重合投影，并反映实形；左、右两个较小的矩形线框是棱柱其余四个侧面的重合投影，为缩小的类似形。由于棱柱的上、下底面为水平面，所以其正面投影积聚成两段水平方向的直线段。

3）六棱柱的左视图是两个相连且大小相等的矩形线框，是棱柱左、右四个侧面的重合投影，为缩小的类似形。由于棱柱前、后两个侧面为正平面，所以其侧面投影积聚成两段铅垂方向的直线段。六棱柱上、下底面的侧面投影仍积聚成两段水平方向的直线段。

2. 正六棱柱三视图的作图步骤

正六棱柱三视图的作图步骤如图 3-19 所示。

3. 在棱柱表面上求点及可见性判断

棱柱的表面均为平面，在棱柱表面上求点通常按以下步骤进行：

1）根据点的已知投影，确定点所在的表面。

2）在积聚性表面上的点，可利用投影的积聚性直接求得点的其余投影；一般位置表面上的点，则必须通过作辅助线求解。

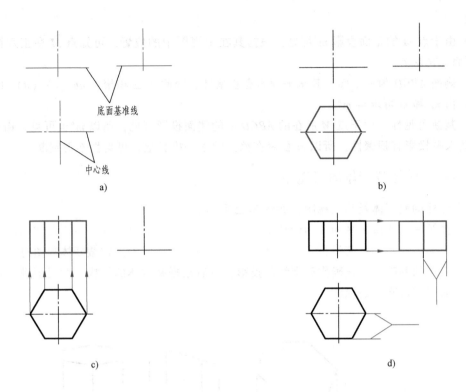

图 3-19 正六棱柱三视图的作图步骤

3）可见性判断原则：若点位于投射方向的可见表面上，点的投影可见；反之不可见。在积聚性投影上的点不需要判断可见性。

4. 正六棱柱的尺寸标注

正六棱柱可以看作是由正六边形通过拉伸得到的，所以只要已知正六边形的大小和正六棱柱的高，就可以确定正六棱柱。正六棱柱的尺寸标注如图 3-20 所示，六边形的对角长度"50"为参考尺寸。

例 3-8 已知正六棱柱表面上点 M 的正面投影 m'，求其余两个投影并判断其可见性，如图 3-21 所示。

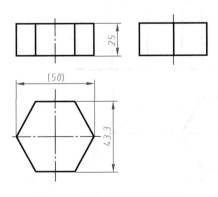

图 3-20 正六棱柱的尺寸标注

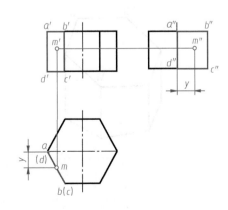

图 3-21 在正六棱柱表面求点

解：

1）由于点 *M* 的正面投影 *m′* 可见，根据其在主视图中的位置，可知点 *M* 在正六棱柱的左前侧面 *ABCD* 上。

2）侧面 *ABCD* 为铅垂面，其水平投影有积聚性，因此 *m* 必积聚在 *ab*（*c*）（*d*）上。

3）由 *m′* 和 *m* 可求得 *m″*。

4）判断可见性。由于点 *M* 所在的 *ABCD* 面的侧面投影可见，所以 *m″* 也可见。由于 *ABCD* 面的水平投影有积聚性，所以 *m* 积聚在该面的水平投影上，可见性不需判断。

3.4.2　正六棱柱截断体的三视图

正六棱柱的截断体及其三视图，如图 3-22 所示。

基本体被一个或多个平面或曲面切割而得到的形体，称为截断体。由于截切而产生的表面交线，称为截交线。截交线位于立体表面上，一般为封闭线框。作截断体视图时，关键是在基本体视图的基础上，正确作截交线的投影，然后根据基本体的结构，对视图进行必要的修改，从而得到截断体的视图。

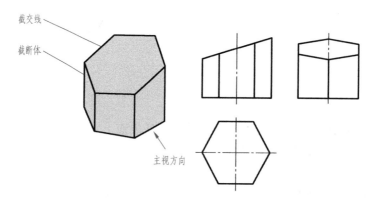

图 3-22　正六棱柱的截断体及其三视图

用正垂面截切正六棱柱，正垂面与正六棱柱的六条侧棱分别交于 Ⅰ、Ⅱ、Ⅲ、Ⅳ、Ⅴ、Ⅵ六点，如图 3-23 所示。截交线的正面投影积聚在一条线上，截交线的正面投影就已知了，

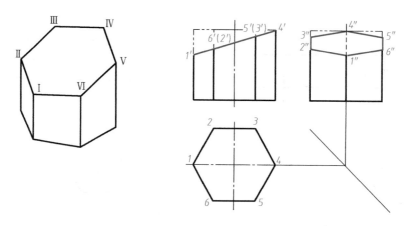

图 3-23　正六棱柱的截交线

即六点的正面投影分别是 1'、(2')、(3')、4'、5'、6'。由于六条侧棱垂直于水平面,所以六条棱在水平面内的投影都积聚在正六边形的六个顶点上,这样截交线的水平投影也已知了,即六点的水平投影分别是 1、2、3、4、5、6。利用正面投影和水平投影就可以求出截交线的侧面投影。

作图步骤如下:

1) 在主视图中找出平面与正六棱柱棱线的交点 1'、(2')、(3')、4'、5'、6'。

2) 按照基本体表面求点的方法作交点对应的水平投影 1、2、3、4、5、6。

3) 根据点的两面投影求第三面投影的方法,求出交点的侧面投影 1″、2″、3″、4″、5″、6″。

4) 顺次连接各点的同面投影,即得到截交线的三面投影。

5) 整理轮廓线,判断可见性。

3.4.3 正四棱锥的三视图

1. 正四棱锥的三视图

将正四棱锥 SABCD 放在三面投影体系中,如图 3-24a 所示。锥底为水平面,四个侧面(侧棱锥面)是投影面倾斜面。如图 3-24b 所示为该正四棱锥的三视图。在画正四棱锥的三视图时,先画出锥顶点 S 和底面 ABCD 各顶点的三面投影,然后连接各同面投影中相应的点即可。

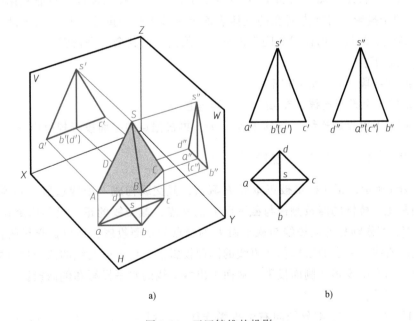

a)　　　　　　　　　　　b)

图 3-24　正四棱锥的投影

正四棱锥的俯视图外轮廓是正四边形,它是正四棱锥底面的投影,内部的四个三角形分别为四个侧面的投影。主视图由两个三角形组成,是正四棱锥四个侧面的投影(前面两个侧面可见),其底边为底面的积聚性投影。左视图也是两个三角形,为四个侧面的投影(左侧两个侧面可见),其底边为底面的积聚性投影。

2. 正四棱锥表面上的点和线的投影

如图 3-25a 所示，已知正四棱锥表面上点 M 的正面投影 m'，求出点 M 的水平投影 m 和侧面投影 m''。

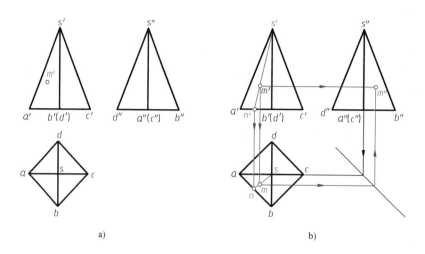

图 3-25　正四棱锥表面上点的投影

分析：

根据所给出的投影可知，点 M 位于倾斜面 SAB 上，没有积聚性，只能利用辅助线法求点 M 的其他两个投影。可在点所在的立体表面上过该点作辅助线，求出该辅助线的三面投影，再根据线上点的投影仍在线的同面投影上，求出点的其余两个投影。

作图步骤如下：

1）过 m' 作线段 $s'n'$，交 $a'b'$ 于 n'。

2）由 n' 向下引投影连线，交 ab 于 n；再连接 sn。

3）过 m' 向下引投影连线，与 sn 相交于 m，再根据点的三面投影规律由 m、m' 求出 m''。

3.4.4　正四棱锥截断体的三视图

如图 3-26a 所示，正四棱锥被正垂面 P 截切，截交线构成一个四边形，其顶点 I、II、III、IV 分别是正四棱锥的四条侧棱与截平面 P 的交点，截交线的正面投影积聚在直线 p' 上，$1'$、（$2'$）、$3'$、$4'$ 分别是各侧棱线与截平面 P 的交点的正面投影，所以截交线的正面投影是已知的。利用直线上的点的投影仍在直线的同面投影上，可由截交线的四个顶点的正面投影求出四个顶点的水平投影和侧面投影，从而求出截交线的水平投影和侧面投影。

作图步骤如下：

1）过 $1'$、（$2'$）、$3'$、$4'$ 分别向右引投影连线，分别与 $s''a''$、$s''d''$、s''（c''）、$s''b''$ 相交得投影 $1''$、$2''$、$3''$、$4''$，如图 3-26b 所示。

2）过 $1'$、$3'$ 向下引投影连线，分别与 sa、sc 相交得投影 1、3，如图 3-26b 所示。

3）过 $2''$、$4''$ 引等宽线，分别与 sd、sb 相交得投影 2、4，如图 3-26b 所示。

4）连接 I、II、III、IV 各点的同面投影，再擦去作图线和多余的图线，对切割后的正四棱锥的三视图图线进行整理，即得正四棱锥截断体的三视图，如图 3-26c 所示。

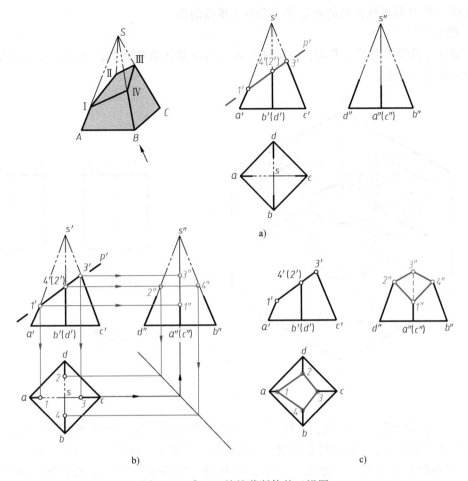

图 3-26 求正四棱锥截断体的三视图

任务 3.5 圆柱的三视图

任务描述：绘制圆柱的三视图。

任务目标：掌握圆柱三视图的画法；能根据圆柱表面上点的已知投影，求出点的其余投影。

【知识链接】

3.5.1 圆柱

1. 圆柱的形成

如图 3-27 所示，圆柱由圆柱面与垂直其轴线的两个圆平面（即上、下底面）围成。

圆柱面由直线 AA_1 绕与其平行的轴线 OO_1 回转形成。AA_1 称为母线，母线在圆柱面上任一位置时称为素线。母

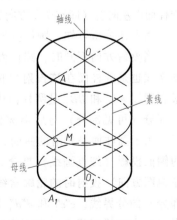

图 3-27 圆柱的形成

线上任意一点 M 随母线回转的轨迹均为垂直于轴线的圆。

2. 圆柱的视图分析

使圆柱的轴线垂直于水平面，将圆柱放在三面投影体系中，如图 3-28a 所示。图 3-28b 所示为圆柱的三视图。

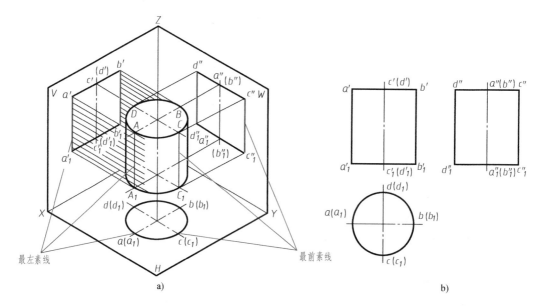

图 3-28　圆柱的投影及三视图

1）圆柱的俯视图为一个圆，反映了上、下底面的实形。该圆的圆周为圆柱面的积聚投影，圆柱面上任何点、线的投影都积聚在该圆周上。用细点画线表示圆的中心线。

2）圆柱的主视图为一个矩形。其上、下两边是圆柱上、下底面的投影，有积聚性；左、右两边 $a'a_1'$ 和 $b'b_1'$ 为圆柱面上最左、最右两条素线 AA_1 和 BB_1 的投影。过这两条素线上各点的投射线都与圆柱面相切，如图 3-28a 所示。因此，这两条素线确定了圆柱面由前向后（即主视方向）投射时的轮廓范围，称为轮廓素线。用细点画线表示圆柱轴线的投影。

3）圆柱的左视图也是一个矩形。其上、下两边仍是圆柱的上、下底面的投影，有积聚性；其余两边 $c''c_1''$ 和 $d''d_1''$ 则是圆柱面上最前、最后两条素线 CC_1 和 DD_1 的投影，这两条素线确定了圆柱面由左向右（即左视图方向）投射时的轮廓范围。圆柱轴线的投影仍用细点画线表示。

由上述分析可知，圆柱投射时的轮廓素线有如下性质和投影特点。

当投射方向不同时，圆柱面上轮廓素线投影的位置也不相同，并且某一投射方向上的轮廓素线也是圆柱面在该投射方向上可见部分与不可见部分的分界线。在图 3-28 中，最左、最右素线 AA_1 和 BB_1 是圆柱面由前向后（即主视方向）投射时的轮廓素线，也是圆柱面前半部分（可见部分）与后半部分（不可见部分）的分界线，$a'a_1'$ 和 $b'b_1'$ 是它们的正面投影。由于圆柱面是光滑的曲面，所以两条轮廓素线的侧面投影不需画出，其位置与圆柱轴线的侧面投影（细点画线）重合。同样，最前、最后素线 CC_1 和 DD_1 是圆柱面由左向右（即左视图方向）投射时的轮廓素线，也是圆柱面左半部分（可见部分）与右半部分（不可见部分）的分界线，$c''c_1''$ 和 $d''d_1''$ 是它们的侧面投影。它们的正面投影则与圆柱轴线的正面投影（细点画线）重合，也不需画出。

3.5.2　圆柱三视图的画法

1. 作图步骤

如图 3-29 所示，作图步骤如下：

1）画作图基准线，如图 3-29a 所示。

2）画俯视图，如图 3-29b 所示。

3）根据圆柱高度，画圆柱的主视图和左视图，如图 3-29c、d 所示。

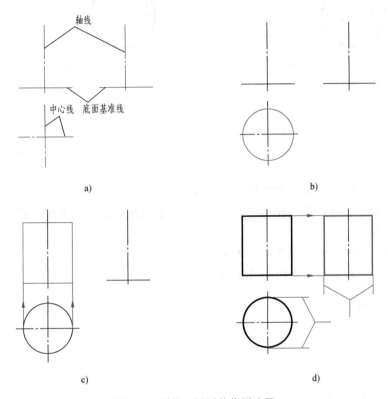

图 3-29　圆柱三视图的作图步骤

2. 在圆柱表面上求点及判断可见性

在圆柱表面上求点的方法及可见性判断的原则与平面立体相似。当圆柱的轴线垂直于投影面时，可利用投影的积聚性直接求出点在该投影面上的投影，不必通过辅助线法求解。

例 3-9　已知圆柱面上点 A 的正面投影（a'）及点 B 的水平投影（b），求作这两点的其余投影，并判断其可见性，如图 3-30a 所示。

解：

1）根据（a'）的位置及其不可见，可判定点 A 在左、后部分圆柱面上。圆柱面的俯视图有积聚性，可由（a'）作垂线在俯视图的圆周上直接得 a，再由（a'）和 a 按投影关系求得 a"。由于点 A 在左半部分柱面上，因此 a"可见。

2）按（b）的位置及其不可见，可判定点 B 在圆柱的下底面上。底面的正面投影有积聚性，可由（b）作垂线直接求出 b'。再按投影关系由（b）和 b'求得 b"。b'、b"不需判断可见性。

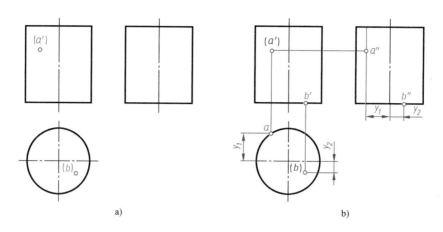

a)　　　　　　　　　　　b)

图 3-30　在圆柱表面上求点

任务 3.6　圆锥体的三视图

样冲的形状是圆柱和圆锥的组合，圆柱的三视图已经学习过了，样冲的头部是圆锥体。在机械制造过程中，样冲是一种划线工具，用于在钻孔中心处打样冲眼，起到防止钻孔时钻头中心滑移的作用。

任务描述：绘制样冲头部即圆锥体的三视图。

任务目标：掌握圆锥三视图的形成与画法。

【知识链接】

3.6.1　圆锥

1. 圆锥的形成

如图 3-31 所示，圆锥由圆锥面与垂直其轴线的底面围成。

圆锥面由与轴线 OO_1 斜交的直线 SA 作为母线绕轴线回转形成。母线在圆锥面上任一位置时称为素线。因此，圆锥面也可看成由无数条相交于锥顶 S 的素线包围而成。母线上任意一点 M 随母线回转的轨迹均为垂直于轴线的圆（纬圆）。

2. 圆锥的视图分析

将圆锥置于轴线垂直于 H 面的位置，如图 3-32a 所示。图 3-32b 所示为圆锥的三视图。

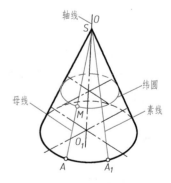

图 3-31　圆锥的形成

1）圆锥的俯视图是一个圆，反映底面圆的实形。该圆也是圆锥面的水平投影，其中锥顶 S 的水平投影位于圆心上。整个圆锥面的水平投影可见，底面被圆锥面挡住，不可见。

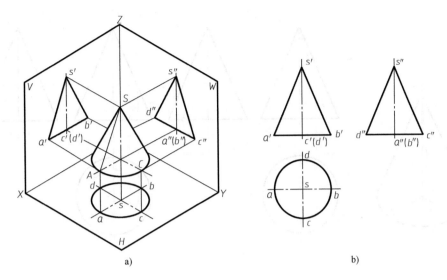

图 3-32　圆锥的投影及三视图

2）圆锥的主视图是一个等腰三角形。底边为圆锥底面的投影，有积聚性；两腰为圆锥面上左、右两条轮廓素线 SA 和 SB 的投影。SA 和 SB 的水平投影不需画出，其投影位置与圆的中心线重合；SA 和 SB 的侧面投影也不需画出，其投影位置与圆锥轴线的侧面投影重合。

轮廓素线 SA 和 SB 将圆锥面分为前、后对称的两部分，前半部分圆锥面的正面投影可见，后半部分不可见。

3）圆锥的左视图也是等腰三角形。底边仍是圆锥底圆有积聚性的投影，两腰则为圆锥面上前、后两条轮廓素线 SC 和 SD 的投影。这两条素线将圆锥面分为左、右对称的两部分，左半部分圆锥面的侧面投影可见，右半部分不可见。SC 和 SD 的正面投影及水平投影也不必画出。

3.6.2　圆锥三视图的画法

1. 圆锥三视图的作图步骤

圆锥三视图的作图步骤和圆柱大致相同，可参考图 3-32 绘制。

2. 在圆锥表面上求点及判断可见性

由于圆锥面的投影没有积聚性，因此，在圆锥表面上求点必须先作辅助线（辅助素线或辅助圆），然后在辅助线上定点。

圆锥面上点的可见性判断原则与平面立体及圆柱相同。

例 3-10　已知圆锥面上点 M 的正面投影 m'，求其余两投影并判断其可见性，如图 3-33 所示。

解：根据 m' 的位置及可见性，可判定点 M 在左前部分圆锥面上，应通过在圆锥面上作辅助线求解。

作图方法有两种：

（1）辅助线法　过锥顶 S 和点 M 作辅助素线 SA，如图 3-33a 所示。

1）过点 M 的已知投影 m' 作辅助素线的正面投影（图 3-33b）。连接 $s'm'$ 并与底边相交于 a'，$s'a'$ 即为辅助素线 SA 的正面投影。

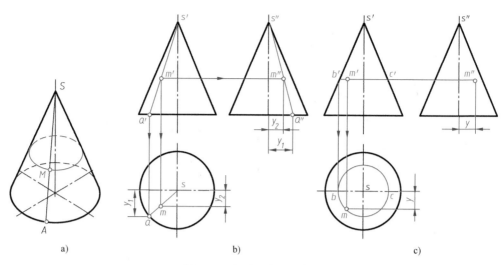

图 3-33　在圆锥表面上求点

2）求辅助素线的其余两投影（图 3-33b）。按投影关系由 $s'a'$ 求得 sa，再由 $s'a'$ 及 sa 求出 $s''a''$。

3）在辅助素线上定点（图 3-33b）。按投影关系由 m' 作垂线，在 sa 上求得 m，再由 m'' 在 $s''a''$ 上求得 m''（也可按投影关系由 m' 及 m 直接求得 m''）。

4）判断可见性。点 M 在左前部分圆锥面上，这部分圆锥面的水平投影和侧面投影均可见，因此，m 及 m'' 也可见。

（2）辅助圆法　过点 M 在圆锥面上作垂直于轴线的辅助圆，如图 3-33a 所示。

1）过点 M 的已知投影 m' 作辅助圆的正面投影（图 3-33c）。过 m' 作辅助圆的正面投影 $b'c'$（这时辅助圆的投影积聚为一条水平方向的直线，并且垂直于轴线）。

2）求辅助圆的其余两投影（图 3-33c）。在俯视图中，以 s 为圆心、$b'c'$ 为直径画圆，得辅助圆的水平投影。按投影关系延长 $b'c'$ 至侧面投影，得辅助圆的侧面投影。

3）在辅助圆上定点。按投影关系由 m' 作垂线，与辅助圆的水平投影相交得 m，再由 m' 及 m 求得 m''。

4）判断可见性。判断可见性的方法与辅助素线法相同。

任务 3.7　球的三视图

任务描述：绘制球的三视图。

任务目标：掌握球的形成及三视图的画法。

【知识链接】

3.7.1　球

1. 球的形成

如图 3-34 所示，球由球面围成，球面是以圆为母线绕其直径回转而成。母线上任意一

点 M 随母线回转的轨迹均为垂直于轴线的圆。

2. 球的视图分析

如图 3-35 所示，球的三个视图是大小相等的三个圆，圆的直径与球的直径相等。这时必须明确，这三个圆是球面上不同方向的三个圆。

球面的投影（即球面向 V、H、W 面投射时的三条轮廓素线）不能认为是球面上某一个圆的三个投影。

俯视图中的圆 a 是球面上平行于 H 面的最大圆 A（即球面俯视图方向投射时的轮廓素线）的投影。圆 A 将球面分成上、下两部分，上半部分球面的水平投影可见，下半部分球面的水平投影不可见。最大圆 A 是过球心的水平面，它的正面投影 a' 和侧面投影 a'' 不必画出，其位置与相应的中心线重合。

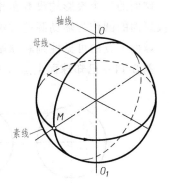

图 3-34 球的形成

主视图中的圆 b' 是球面上平行于 V 面的最大圆 B（即球面主视图方向投射时的轮廓素线）的投影。圆 B 将球面分成前、后两等分，前半部分球面的正面投影可见，后半部分球面的正面投影不可见。最大圆 B 是通过球心的正平面，它的水平投影 b 与侧面投影 b'' 不必画出，其位置与相应的中心线重合。

同样，左视图中的圆 c'' 是球面上平行于 W 面的最大圆 C（即球面左视图方向投射时的轮廓素线）的投影。其三个投影之间的关系及其可见性与圆 A 及圆 B 相似。

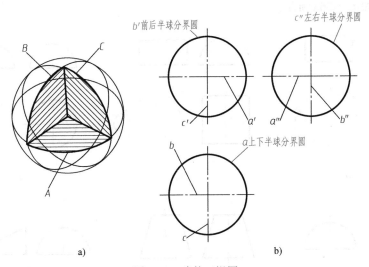

a)   b)

图 3-35 球的三视图

3.7.2 球三视图的画法

1. 球三视图的作图步骤

画球的三视图时，应首先画出圆的中心线，再画出三个与球体直径相等的圆，如图 3-35b 所示。

2. 在球面上求点及判断可见性

球面的三个投影均没有积聚性，且在球面上不能作直线，因此在球面上求点应利用平行于投影面的圆作为辅助圆的方法求解，做法类似于圆锥表面上求点。

球面上点的可见性判断原则与圆锥相同。

例 3-11 已知球面上点 K 的水平投影 k，求其余两投影并判断可见性，如图 3-36 所示。

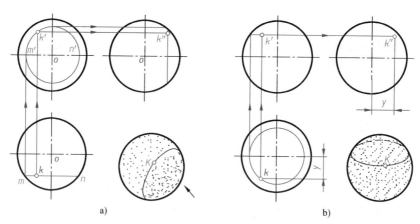

a)　　　　　　　　　　　　　b)

图 3-36　在球面上求点

解：根据 K 的位置及其可见性，可以判定点 K 在球面的前、左、上部，可过点 K 做平行于 V 面的辅助圆。

作图步骤如图 3-36a 所示。

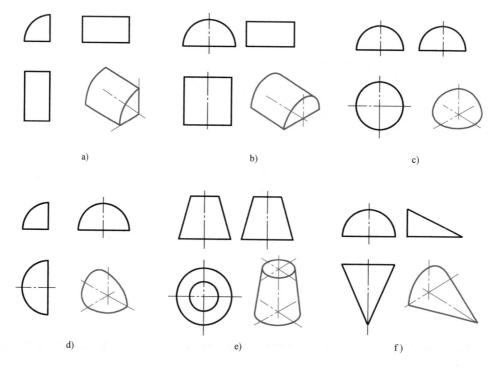

a)　　　　　　　　　　　b)　　　　　　　　　　　c)

d)　　　　　　　　　　　e)　　　　　　　　　　　f)

图 3-37　不完整回转体的三视图

　　1）过点 K 的已知投影 k 作辅助圆的水平投影。过 k 作水平线 mn，mn 即为辅助圆的水平投影（因辅助圆平行于 V 面，所以水平投影积聚为一条水平方向的直线）。

　　2）求辅助圆的其余两投影。在主视图中以 o′为圆心，mn 为直径画圆即得辅助圆的正面投影。辅助圆的侧面投影长度等于 mn 的长度。

　　3）在辅助圆上定点。按投影关系由 k 作垂线，与辅助圆的正面投影相交得 k′；由 k′作水平线，在辅助圆的侧面投影上求得 k″。

　　4）判断可见性。由于点 K 在球面的前、左、上部，所以正面投影 k′及侧面投影 k″均为可见。

　　本题也可通过点 K 作平行于 H 面的辅助圆，如图 3-36b 所示，或作平行于 W 面的辅助圆进行求解。

　　在机械零件中，经常会见到一些不完整的回转体，如图 3-37 所示。它们的表面性质和完整的回转体相同。

项目4

滑块联轴器毛坯和管接头的绘制

滑块联轴器（图4-1）是一种常用的轴间连接件，一般常用于电动机和轴的连接，个别场合也可以用来连接伺服电动机。它由两个在端面上开有凹槽的半联轴器和一个两面带有凸牙的中间滑块组成，如图4-2所示。因凸牙可在凹槽中滑动，故可补偿安装及运转时两轴间的相对位移。

图 4-1 滑块联轴器

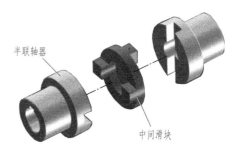

图 4-2 十字滑块分解

任务 4.1 圆柱截断体三视图的绘制

任务描述：滑块联轴器中的半联轴器和中间滑块，连接处从形体上分析是圆柱经过开槽或两边截切之后形成的。本任务绘制圆柱中间开槽的三视图。

任务目标：掌握圆柱截交线的形成与画法。

【知识链接】

4.1.1 圆柱截断体的三视图

1. 圆柱表面的截交线

基本体被一个或多个平面或曲面切割而得到的形体，称为截断体。如图4-2所示，由于截切而产生的表面交线称为截交线，它始终处于立体表面，一般是封闭线框。绘制截断体视图时，关键是在基本体视图的基础上，正确作截交线的投影，然后根据基本体的结构，对视图进行必要修改，从而完成整个视图。

平面截切圆柱时，根据截平面与圆柱轴线相对位置的不同，截平面与圆柱相交会产生三种不同形状的截交线，见表4-1。

2. 圆柱被斜切后三视图的画法

如图4-3a所示，用一个倾斜于圆柱轴线的截平面（正垂面）截切圆柱，截交线为椭圆。

由于截平面垂直于正面，所以截交线椭圆的正面投影积聚在截平面的正面投影上，又由于椭圆是圆柱面上的点，所以截交线椭圆的水平投影积聚在圆柱的水平投影上，截交线的水平投影和正面投影为已知。

表 4-1 圆柱表面的截交线

特 征	立 体 图	投 影 图
截平面平行于圆柱的轴线，截交线为矩形	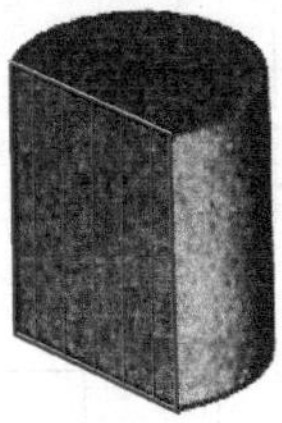	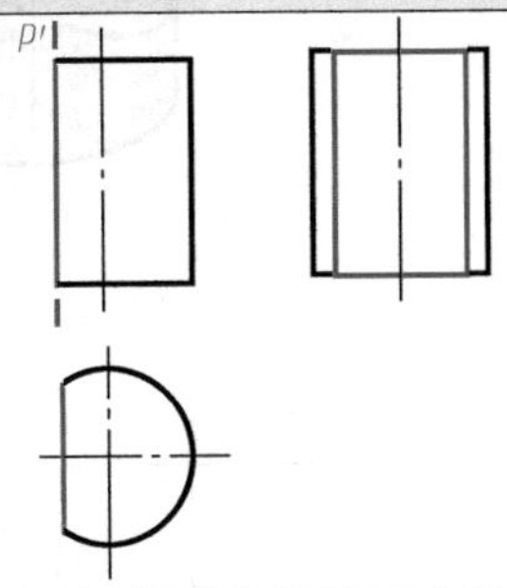
截平面垂直于圆柱的轴线，截交线为圆形		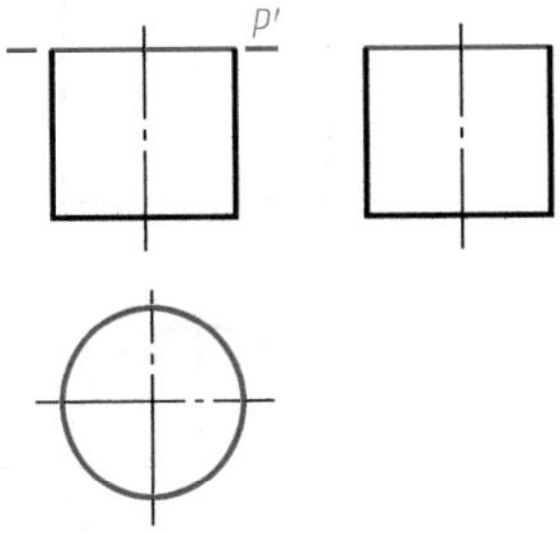
截平面倾斜于圆柱的轴线，截交线为椭圆		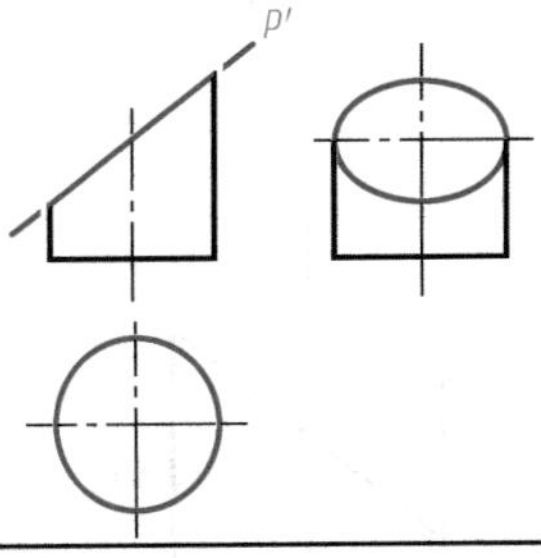

具体作图步骤如下：

（1）求特殊点　位于圆柱面被截切后的最低点Ⅰ、最高点Ⅴ和对侧面最宽点Ⅲ、Ⅶ是椭圆长、短轴上的四个端点，为特殊点。由这些点的正面投影 1′、5′、3′、（7′）向右引投影连线，与这些点所在的轮廓线的侧面投影相交，可得这些点的侧面投影 1″、5″、3″、7″，如图 4-3b 所示。

（2）求一般点　在特殊点之间，适当地取若干个一般点。最好把水平投影圆分成若干个等分点，如图 4-3c 所示点 2、4、6、8。由这些点向上引投影连线，与截平面的正面投影 p′ 相交得 2′、4′、（6′）、（8′），再根据投影 2、4、6、8 和 2′、4′、（6′）、（8′），利用点的三面投影规律求出 2″、4″、6″、8″，如图 4-3c 所示。

（3）连线　在侧面投影中，用光滑曲线顺次连接 1″、2″、3″、4″、5″、6″、7″、8″各点，成椭圆曲线，如图 4-3d 所示。

（4）去掉辅助线　擦去多余的图线，便得斜切后圆柱的投影，如图 4-3e 所示。

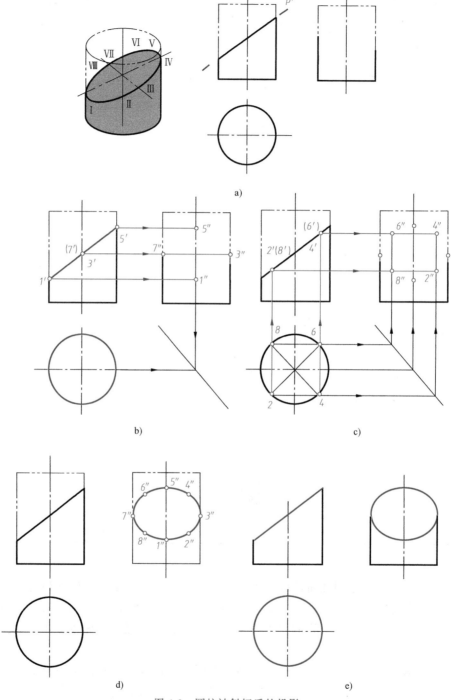

图 4-3　圆柱被斜切后的投影

4.1.2　圆柱中间开槽三视图的画法

截切有两种，一种是在圆柱的中间开槽，另一种是在圆柱两边切掉一部分，如图 4-4 所示为两个截断体。下面来分析圆柱中间开槽的三视图画法。

1. 分析

圆柱上被两个侧平面和一个水平面截切了一个通槽，如图 4-5a 所示，两个侧平面和水平面的正面投影都积聚在截平面的正面投影（直线段）上。水平面与圆柱的截交线为圆的一部分，它的水平投影为反映实形的圆的一部分，侧面投影积聚在截平面的侧面投影直线段上。两个侧平面和圆柱的截交线均为矩形，它们的侧面投影为反映实形的矩形，它们的水平投影积聚为直线段。

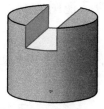 

a) 圆柱中间开槽　　　b) 圆柱两边截切

图 4-4　圆柱截切后的截断体

2. 作图步骤

1）作槽口的水平投影，如图 4-5b 所示。

2）作槽口的侧面投影，如图 4-5c 所示。

3）擦去多余的图线，得到圆柱开槽后的投影，如图 4-5d 所示。

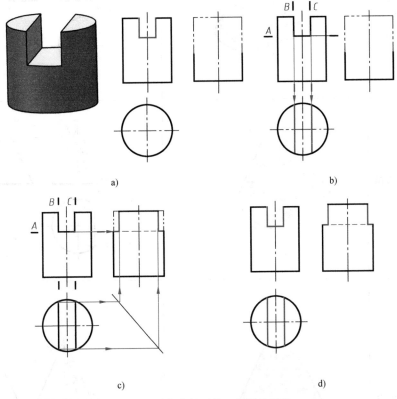

a)

b)

c)

d)

图 4-5　圆柱中间开槽三视图的画法

任务 4.2　圆锥截断体、球截断体、圆环三视图的绘制

任务描述：绘制圆锥截断体、球截断体、圆环的三视图。

任务目标：掌握圆锥截断体、球截断体、圆环三视图的画法。

【知识链接】

4.2.1　圆锥截断体的三视图

1. 圆锥的截交线

圆锥被平面所截切，根据截平面和圆锥轴线的相对位置的不同产生四种不同形状的截交线，见表4-2。

表4-2　圆锥的截交线

特　征	立　体　图	投　影　图
$0° < \theta < \alpha$，截交线为双曲线和直线段	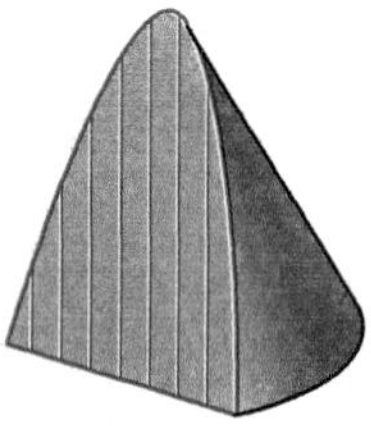	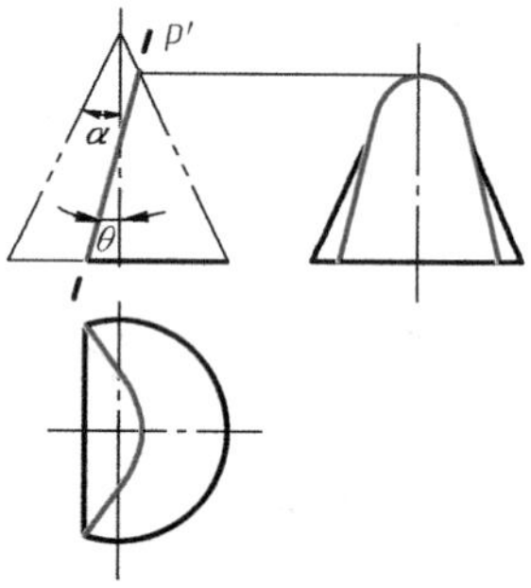
$\theta = \alpha$，截交线为抛物线和直线段	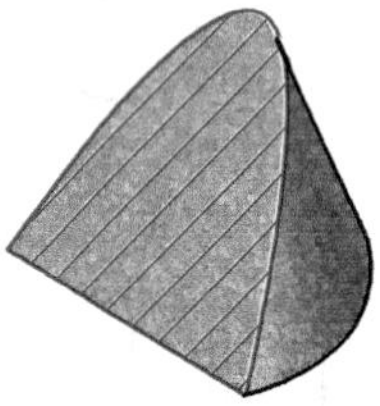	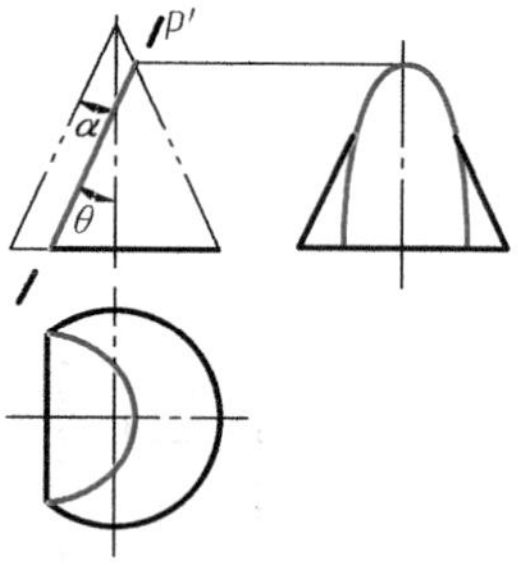
$\theta > \alpha$，截交线为椭圆	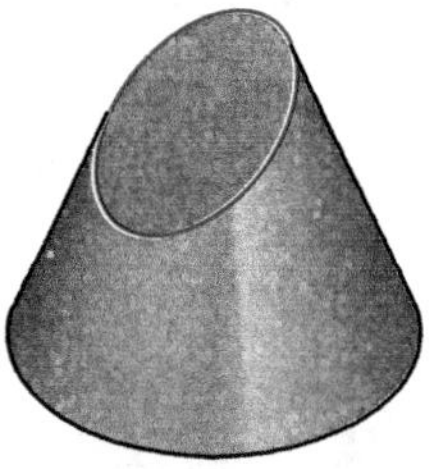	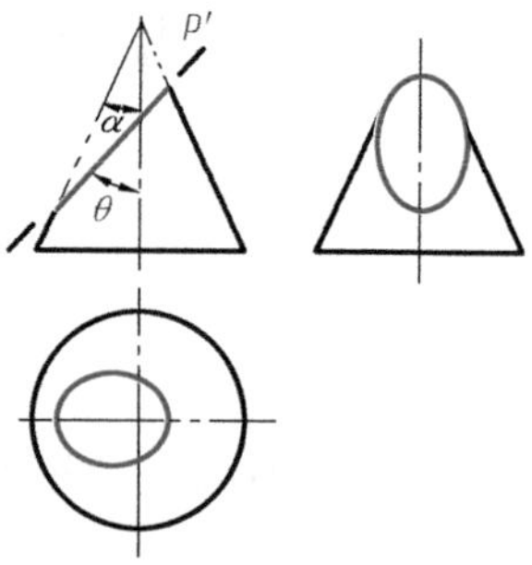

（续）

特　征	立　体　图	投　影　图
$\theta = 90°$，截交线为圆	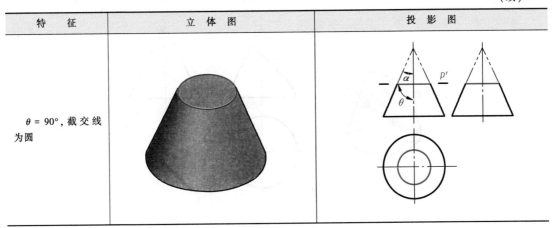	

2. 圆锥被截切后三视图的画法

如图 4-6a 所示，圆锥被正垂面 P 切割，截平面与圆锥轴线的交角大于锥顶角的一半，所以产生的截交线是椭圆。由于截平面是正垂面，故截交线的正面投影积聚在截平面的正面投影上，为一直线段。现采用辅助圆法求其余两投影。

作图步骤如下：

（1）求特殊点

1）表面上最左、最右、最前和最后素线上的 Ⅰ、Ⅴ、Ⅳ、Ⅵ 特殊点，它们的正面投影为 $1'$、$5'$、$4'$、$(6')$，由 $1'$、$5'$ 分别向下引投影连线，与水平投影中的水平中心对称线相交得投影 1、5，向右引投影连线与侧面投影中的轴线相交得投影 $1''$、$5''$，再由 $4'$、$(6')$ 向右引投影连线分别与侧面投影中的最前和最后素线的投影相交得投影 $4''$、$6''$，并由 $4'$、$4''$、$(6')$、$6''$ 按点的投影规律求出水平投影 4、6，如图 4-6b 所示。

2）椭圆对称轴上的点除 Ⅰ、Ⅴ 外，还有另一对称轴的两个端点 Ⅲ、Ⅶ，其正面投影位于投影 $1'$、$5'$ 的中点，即 $3'$（$7'$）。过 $3'$（$7'$）作垂直于圆锥轴线的直线，交圆锥左右轮廓线于 a'、b' 两点，以 s 为圆心，以 $a'b'$ 为直径作辅助圆的水平投影，由 $3'$、（$7'$）分别向下引投影连线与辅助圆的水平投影相交，交点为投影 3、7，再由 $3'$、3、（$7'$）、7 按点的投影规律求出 Ⅲ、Ⅶ 的侧面投影 $3''$、$7''$，如图 4-6c 所示。

（2）求一般点 在特殊点之间，再找若干个一般点，如点 Ⅱ、Ⅷ，其投影作图方法同点 Ⅲ、Ⅶ，如图 4-6c 所示。

（3）连接 依次光滑连接 Ⅰ、Ⅱ、Ⅲ、Ⅳ、Ⅴ、Ⅵ、Ⅶ、Ⅷ 各点的同面投影，即得截交线的投影，如图 4-6d 所示。擦去作图线和多余的图线，便得切割后的圆锥的投影，如图 4-6e 所示。

4.2.2　球截断体的三视图

1. 球的截交线

平面从任何方向截切圆球产生的截交线都为圆。当截平面平行于投影面时，截交线在该投影面上的投影反映实形，另外两个投影积聚为长度等于该圆直径的线段；当截平面与投影面倾斜时，截交线在该投影面上的投影为椭圆。

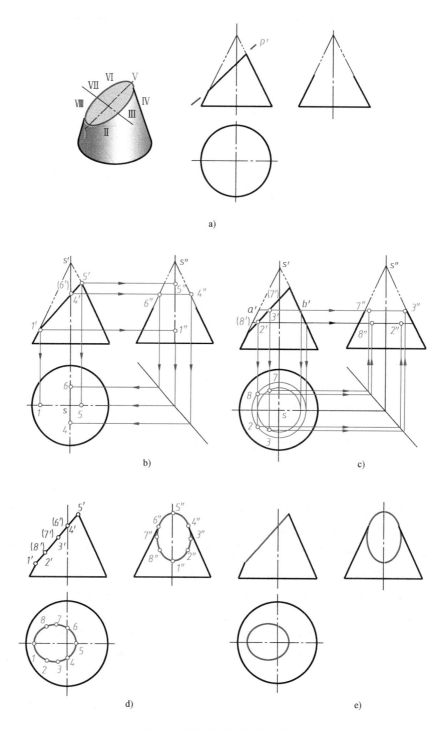

图 4-6　圆锥被截切后的投影

2. 球被斜切后三视图的画法

如图 4-7a 所示，球被正垂面 P 截切，截交线的正面投影积聚在截平面的正面投影上，截交线的水平投影和侧面投影均为椭圆。具体作图步骤如下：

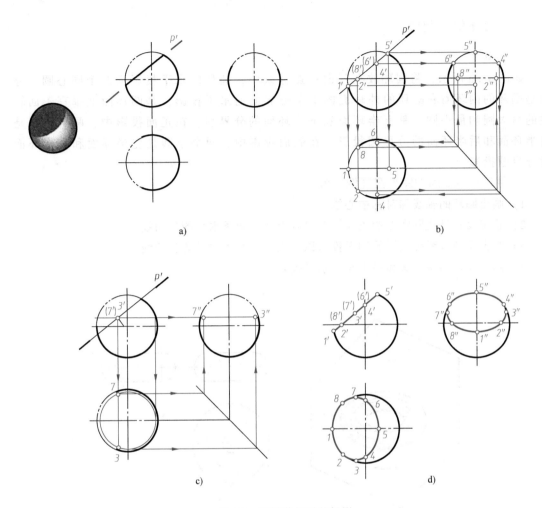

图 4-7 球被截切后的投影

（1）求特殊点 截平面与投影轮廓线的交点 Ⅰ 、Ⅳ 、Ⅴ 、Ⅵ 为特殊点，它们的正面投影分别为 1′、4′、5′、（6′）。由 1′、5′向下引投影连线，与球面的前后分界面的水平投影相交，交点为 1、5；由 1′、5′分别向右引投影连线，与球面的前后分界面的侧面投影相交得 1″、5″。由 4′（6′）向右引投影连线，与球面的左右分界面的侧面投影相交得 4″、6″，根据 4′、4″、（6′）、6″，按投影规律求出投影 4、6。截平面与投影轮廓线的交点 Ⅱ 、Ⅷ 也是特殊点，它们的正面投影分别是 2′、（8′）。由 2′（8′）向下引投影连线，与球面的上下分界面的水平投影相交得 2、8，根据 2′、2、（8′）、8，按投影规律求出投影 2″、8″，如图 4-7b 所示。

（2）求椭圆对称轴的端点 Ⅲ 、Ⅶ 椭圆的另一条对称轴的正面投影位于正面投影 1′、5′的中点，即 3′（7′），它的水平投影和侧面投影均反映实长。在正面投影中过 3′（7′）作辅助水平圆的投影（水平线），可求出投影 3、7，进而求出投影 3″、7″，如图 4-7c 所示。

（3）连线 用光滑的曲线依次连接各点的同面投影，即得截交线的投影，如图 4-7d 所示。

4.2.3　圆环的三视图

1. 圆环的投影

如图 4-8a 所示，将圆环放在三面投影体系中，圆环的水平投影为两个同心圆，分别是圆环的内环面和圆环的外环面的上下分界面的水平投影，是圆环面上垂直于回转轴的最大圆和最小圆，是上半环面和下半环面的分界线。在正面投影中，两个小圆是前半环面和后半环面的分界圆投影。在侧面投影中，两个小圆是左半环面和右半环面的分界圆投影。

2. 圆环三视图的作图步骤（图 4-8b）

1）画出圆环的轴线和对称中心线。

2）画出反映母线圆实形的正面投影以及上、下两条水平的公切线。

3）画出反映母线圆实形的侧面投影以及上、下两条水平的公切线。

4）画出圆环的最大圆和最小圆的水平投影。

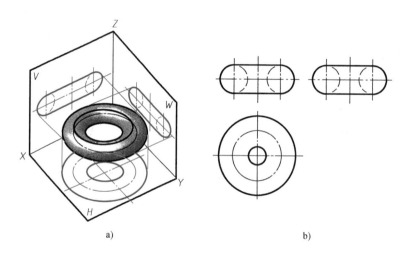

a)　　　　　　　　　　　　　　　b)

图 4-8　圆环的三视图

3. 圆环面上点的投影

如图 4-9 所示，已知圆环面上点的正面投影 m'，试求出它的另外两面投影 m、m''。

根据 m' 可见，可知点 M 位于前半环的左半环的上半环的外环面上，所以点 M 的水平投影、侧面投影都可见。过点 M 作平行于水平面的辅助圆（点 M 的水平投影、侧面投影都必在这个辅助圆的水平投影、侧面投影上）。

作图步骤如下：

1）过点 M 作平行于水平面的辅助圆，该圆的正面投影是过 m' 的水平线，其两端与外环轮廓线交于 a'、b' 两点。

2）以线段 $a'b'$ 为直径，以水平投影轮廓圆的圆心为圆心画圆，得辅助圆的水平投影。

3）由 m' 向下引投影连线，与过点 M 的辅助圆的水平投影相交，交点为 m。

4）根据 m'、m，按点的投影规律得到投影 m''。

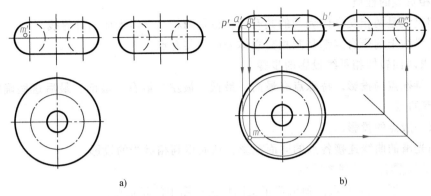

a)   b)

图 4-9 圆环面上求点

任务 4.3 管接头的绘制

任务描述：绘制异径或等径的三通或四通管接头。

任务目标：掌握圆柱相贯线的基本知识。

▶【知识链接】

管接头的种类很多，有十字管接头、丁字管接头等多种形式。

十字管接头，也称为四通管接头，是管道连接件，用在主管道的分支处。丁字管接头即三通管接头，三通管接头是具有三个口（即一个进口、两个出口或两个进口、一个出口）的管件，有等径管口，也有异径管口，用于三条相同或不同管路汇集处。三通或四通管接头的主要作用是改变流体方向，如图 4-10 所示。

a) 异径四通管接头   b) 等径四通管接头   c) 异径三通管接头   d) 等径三通管接头

图 4-10 三通、四通管接头

4.3.1 两正交圆柱相贯线的简化画法

1. 相贯线的基础知识

（1）相贯线的概念 两立体相交称为相贯，其表面产生的交线称为相贯线，形成的立体称为相贯体。根据相贯位置的不同，分为正交、偏交和斜交。相贯线是两相交立体表面的封闭共有线。两圆柱相交的相贯线示例如图 4-10 所示。

（2）相贯线的性质

1）相贯线是两相交立体表面的共有线，也是两相交立体表面的分界线。

2）相贯线上的所有点都是两相交立体表面的共有点。

（3）求两回转体相贯线投影的步骤

1）求特殊点的投影。特殊点有最高、最低、最左、最右、最前、最后这些确定相贯线形状和范围的点。

2）求一般点的投影。

3）用光滑的曲线连接各点的同面投影，从而得到相贯线的投影。

2. 两正交圆柱相贯线的画法

例 4-1　如图 4-11 所示，画出两正交圆柱三视图中的相贯线。

解：相贯线在两圆柱的表面上，故其投影分别在两圆柱的积聚性投影上。所以，相贯线的水平投影与直立圆柱的水平投影重合，侧面投影与横放圆柱的侧面投影的上部重合。

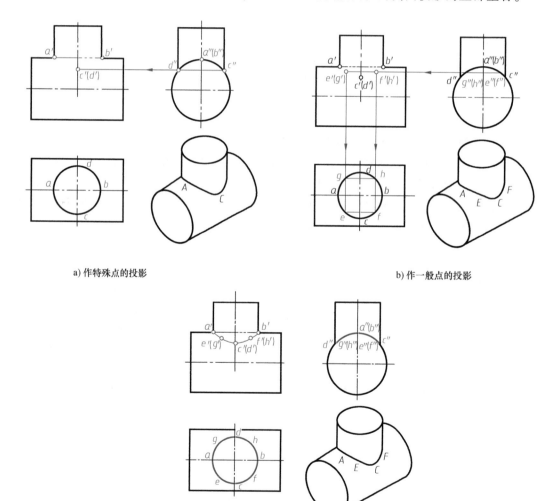

a) 作特殊点的投影　　　　　　　　　　　　b) 作一般点的投影

c)连线

图 4-11　两正交圆柱相贯线的画法

作图方法及步骤如下：

1）求特殊点的投影。首先在相贯线的水平投影上，定出最左、最右、最前、最后点 A、B、C、D 的投影 a、b、c、d，再在相贯线的侧面投影上相应地作 a''、(b'')、c''、d''。由此作它们的正面投影 a'、b'、c'、(d')。从主视图中可以看出，点 A、B 和点 C、D 分别是相贯线上的最高、最低点，如图 4-11a 所示。

2）求一般点的投影。在相贯线的侧面投影上，定出左右、前后对称的四个点 E、F、G、H 的投影 e''、(f'')、g''、(h'')，由此可在相贯线的水平投影上作 e、f、g、h，进而作它们的正面投影 e'、f'、(g')、(h')，如图 4-11b 所示。

3）连线并判断可见性。按相贯线水平投影所显示的各点顺序，连接各点的正面投影，即得相贯线的正面投影。在主视图上，前半段相贯线在两个圆柱的可见表面上，所以其正面投影 $a'e'c'f'b'$ 为可见，画成实线；而后半段相贯线的投影 a' (g') (d') (h') b' 为不可见，且与前半段相贯线的可见投影相重合，如图 4-11c 所示。

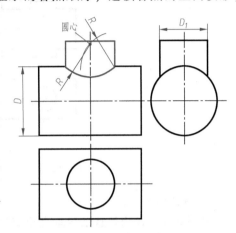

4）检查。在主视图上，a'、b' 之间的大圆柱轮廓线已不存在，不应画出。最后描深相贯线。

两相贯的圆柱直径相差较大时，也可采用近似画法作相贯线，即用一段圆弧代替相贯线。绘制圆弧时，以大圆柱的半径为圆弧半径（$D>D_1$、$R=D/2$），圆心位于小圆柱中心轴线上，如图 4-12 所示。

图 4-12　相贯线的近似画法

4.3.2　圆柱相交形式

1. 圆柱面相贯的形式

圆柱面相贯有两外表面相贯、外表面与内表面相贯和两内表面相贯，如图 4-13 所示。这三种情况的相贯线的形状和作图方法是一样。

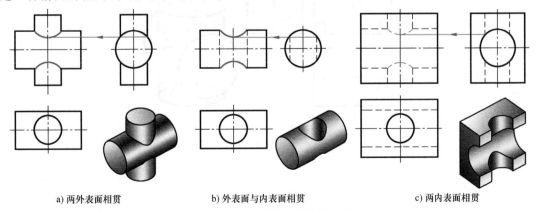

a) 两外表面相贯　　　　b) 外表面与内表面相贯　　　　c) 两内表面相贯

图 4-13　相贯线的三种作图方法

2. 两正交圆柱相贯线的形状与弯曲方向

当两圆柱半径差别很大时，可用一段圆弧代替相贯线，圆心在小圆柱上，半径为大圆柱的半径，圆弧凸向大圆柱的中心轴线，如图 4-14 所示。

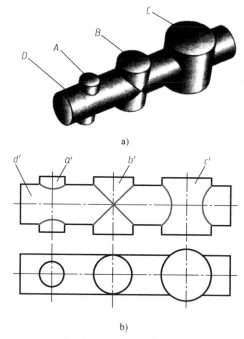

图 4-14　两正交圆柱相贯线的形状与弯曲方向

3. 直径相等两正交圆柱相贯的三视图

当两圆柱直径相等且轴线垂直相交时，相贯线为两个相同的椭圆，椭圆平面垂直于两轴线所确定的平面。因为两圆柱的轴线都平行于正面，所以相贯线的正面投影积聚为直线，其水平投影及侧面投影均为圆，如图 4-15 所示。

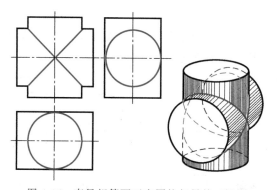

图 4-15　直径相等两正交圆柱相贯的三视图

项目5

绘制简单形体的轴测图

在生产中，因为三视图能够比较完整、准确地表达物体的形状和大小，我们常用三视图来表达物体。但三视图缺乏立体感，不易读懂。为便于读图，常用轴测图作为辅助图样来表达物体的形状。

任务 5.1　轴测图的基本知识

任务描述：绘制正六棱柱的正等轴测图。

任务目标：掌握正等轴测图的绘制方法。

【知识链接】

5.1.1　轴测图的概念

1. 轴测图的投射方法

轴测图是将物体连同其参考直角坐标系，沿不平行于任一坐标面的方向，用平行投影法将其投射在单一投影面上所得到的图形。

轴测图能同时反映出物体长、宽、高三个方向的尺度，富有立体感，但不能反映物体的真实形状和大小，度量性差。

轴测图的形成一般有两种方法：

1）改变物体相对于投影面的位置，而投射方向仍垂直于投影面，所得轴测图称为正轴测图，如图 5-1a 所示。

2）改变投射方向使其倾斜于投影面，而不改变物体对投影面的相对位置，所得投影图为斜轴测图，如图 5-1b 所示。

2. 轴测图中的名词

（1）轴测轴　空间坐标轴 OX、OY、OZ 的轴测投影 O_1X_1、O_1Y_1、O_1Z_1 称为轴测轴。

（2）轴间角　轴测轴之间的夹角 $\angle X_1O_1Y_1$、$\angle Y_1O_1Z_1$、$\angle X_1O_1Z_1$ 称为轴间角。

（3）轴向伸缩系数　轴测轴上的线段与空间坐标轴上对应线段的长度之比，称为轴向伸缩系数。

如图 5-1 所示，P 平面称为轴测投影面；物体在轴测投影面上的投影称为轴测投影，简称为轴测图；直角坐标轴上单位长度的轴测投影长度与对应直角坐标轴上单位长度的比值，称为轴向伸缩系数，X、Y、Z 方向的轴向伸缩系数分别用 p、q、r 表示。

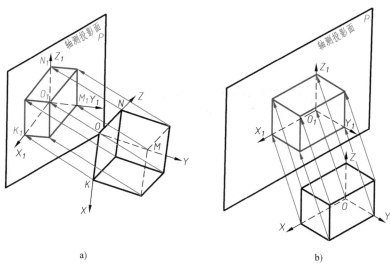

图 5-1   轴测图

3. 轴测图的投影特性

1）物体上相互平行的线段，轴测投影仍相互平行。平行于坐标轴的线段，轴测投影仍平行于相应的轴测轴，且同一轴向所有线段的轴向伸缩系数相同。

2）物体上与轴测投影面不平行的平面图形，在轴测图上变成原形的类似形。

4. 轴测图分类

（1）根据投射方向不同，轴测图可分为两类

1）正轴测图——投射线方向垂直于轴测投影面所得到的轴测图。

2）斜轴测图——投射线方向倾斜于轴测投影面所得到的轴测图。

（2）根据轴向伸缩系数不同，每类轴测图又可分为三类

1）等测轴测图——三个轴向伸缩系数均相等。

2）二测轴测图——只有两个轴向伸缩系数相等。

3）三测轴测图——三个轴向伸缩系数均不相等。

以上两种分类方法结合，得到六种轴测图，分别简称为正等测、正二测、正三测和斜等测、斜二测、斜三测。工程上使用较多的是正等测和斜二测。

5.1.2   正等轴测图

1. 正等轴测图的轴间角和轴向伸缩系数

在正投影情况下，当 $p=q=r$ 时，三个坐标轴与轴测投影面的倾角都相等，均为 $35°16'$。其轴间角均为 $120°$，三个轴向伸缩系数 $p=q=r=\cos35°16'\approx0.82$。

在实际作图时，为了作图方便，一般将 O_1Z_1 轴取为铅垂位置，各轴向伸缩系数采用简化系数 $p=q=r=1$。这样，沿各轴向的长度均被放大 $1/0.82\approx1.22$ 倍，轴测图也就比实际物体大，但对形状没有影响。

2. 正六棱柱正等轴测图的画法

如图 5-2a 所示，根据正六棱柱的两个视图，绘制其正等轴测图。

1) 正六棱柱顶面与底面都是平行于水平投影面的正六边形，首先确定 OX、OY、OZ 轴的方向和原点 O 的位置。

2) 画出轴测轴 O_1X_1、O_1Y_1、O_1Z_1，在 O_1X_1 轴上从 O_1 点量取 $O_11_1 = O1$、$O_14_1 = O4$，同样，在 O_1Y_1 轴上量取 $O_1A_1 = Oa$、$O_1B_1 = Ob$，如图 5-2b 所示。

3) 以 A_1、B_1 为中点分别作 O_1X_1 的平行线，量取 $\overline{2_13_1} = \overline{23}$，$\overline{5_16_1} = \overline{56}$，如图 5-2c 所示。

4) 依次连接各点，即得顶面的轴测图，如图 5-2d 所示。

5) 由各点沿 O_1Z_1 轴向下量取正六棱柱的高度 h，得底面六边形，如图 5-2e 所示。

6) 擦去多余线条，加深可见轮廓线，即得正六棱柱的正等轴测图，如图 5-2f 所示。

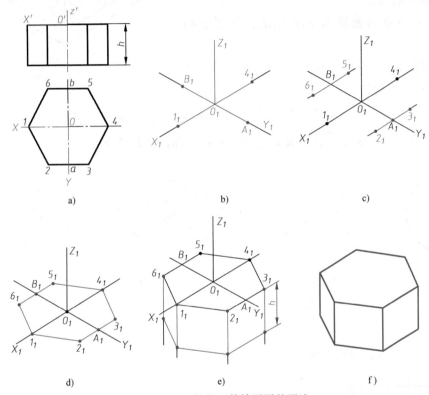

图 5-2 正六棱柱正等轴测图的画法

任务 5.2 圆柱及圆角正等轴测图的画法

任务描述：绘制圆柱及圆角的正等轴测图。

任务目标：掌握圆柱正等轴测图的画法；掌握圆角正等轴测图的画法。

▶ 【知识链接】

1. 回转体正等轴测图的画法

平行于不同坐标面圆的正等轴测图的画法，如图 5-3 所示。

(1) 投影分析

1）平行于不同坐标面圆的正等轴测图是椭圆，三个椭圆的形状和大小是一样的，但方向不相同。

2）各椭圆与外切菱形相切，椭圆的短轴方向即为菱形的短对角线方向，椭圆的长轴方向即为菱形的长对角线方向。

（2）近似画法　近似画法如图 5-4 所示。

1）以圆心为坐标原点，建立直角坐标系。

2）作圆的外切正方形，其边与坐标轴 OX、OY 平行，如图 5-4a 所示。

3）作正方形的轴测图 $E_1F_1G_1H_1$，如图 5-4b 所示。

4）连接 G_1A_1、G_1B_1、E_1D_1、E_1C_1，得到交点 1 和交点 2，如图 5-4c 所示。

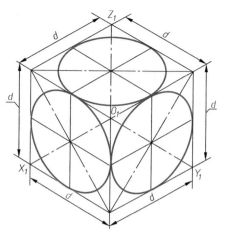

图 5-3　平行于不同坐标面圆的
正等轴测图的画法

5）分别以 G_1、E_1 为圆心，E_1D_1 为半径，画弧 $\overset{\frown}{D_1C_1}$、$\overset{\frown}{A_1B_1}$；以点 1、点 2 为圆心，线段 $1A_1$ 的长为半径，画弧 $\overset{\frown}{A_1D_1}$、$\overset{\frown}{B_1C_1}$，即得椭圆，如图 5-4d 所示。

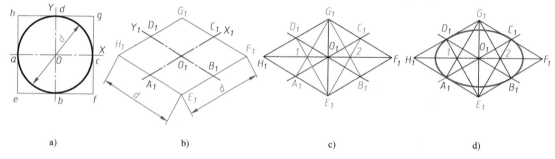

a)　　　　　　　b)　　　　　　　c)　　　　　　　d)

图 5-4　圆的正等轴测图近似画法

2. 圆柱的正等轴测图画法（图 5-5）

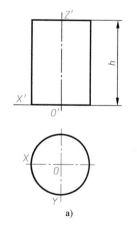
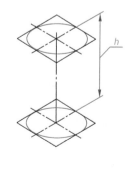
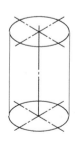
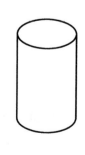

a)　　　　　　　　　b)　　　　　　　c)　　　　　d)

图 5-5　圆柱的正等轴测图画法

作图步骤如下：

1）以圆柱下表面圆心为坐标原点，建立直角坐标系，如图 5-5a 所示。

2）作长为 h 的竖直轴线，分别以其端点为圆心，作上、下圆平面的轴测图，如图 5-5b 所示。

3）作两椭圆的公切线，如图 5-5c 所示。

4）擦去多余图线并描深图线，即得圆柱的轴测图，如图 5-5d 所示。

例 5-1 作图 5-6 所示圆柱截断体的正等轴测图。

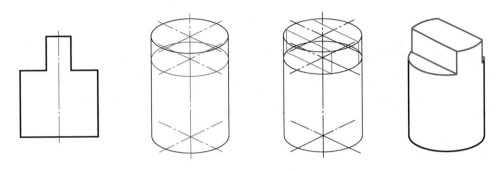

图 5-6 圆柱截断体的正等轴测图画法

作图步骤如图 5-6 所示。

1）作完整圆柱的正等轴测图。

2）找到水平面的截切位置，作其正等轴测投影。

3）找到侧平面的截切位置，作其正等轴测投影。

4）擦去多余图线并描深图线。

3. 圆角的正等轴测图画法

分析近似椭圆与圆角对应关系可知：菱形的钝角与大圆弧相对，锐角与小圆弧相对，菱形相邻两边的中垂线交点即圆心。

根据图 5-7a 所示的带圆角底板的主视图和俯视图，画出该底板的正等轴测图。

1）按图 5-7b 所示画出不带圆角的底板的轴测图，并按圆角半径 R 在底板相应的边上找出切点 1、2、3、4。

2）过切点 1、2、3、4 分别作其所在直线的垂线，其交点 O_1、O_2 就是轴测圆角的圆心，如图 5-7c 所示。

3）以 O_1 和 O_2 为圆心，以线段 $O_1 1$ 和 $O_2 3$ 为半径作圆弧 $\overarc{12}$ 和 $\overarc{34}$，即得底板上顶面圆角的正等轴测图，如图 5-7d 所示。

4）将顶面圆角的圆心 O_1、O_2 及其切点分别沿 Z_1 轴下移底板厚度 H，再用与顶面圆弧相同的半径分别画圆弧，并作对应圆弧的公切线，即得底板圆角的正等轴测图，如图 5-7e 所示。

5）擦去作图线并加深轮廓线，结果如图 5-7f 所示。

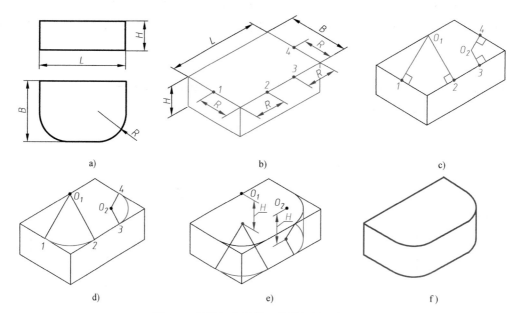

图 5-7　带圆角底板的正等轴测图近似画法

轴承座的三视图

轴承座用来支承轴承和传动轴，其结构属于组合体。组合体又称为复杂形体，由基本体组合而成。如图 6-1 所示，轴承座的结构由底板、圆筒、支承板、加强肋板组成。每个形体是一个由基本体通过挖切形成的简单基本体，这几个简单基本体叠加后形成轴承座。

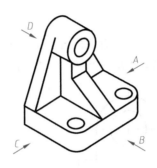

图 6-1　轴承座

任务 6.1　组合体的表面连接形式

任务描述：用形体分析法分析组合体表面的连接关系。

任务目标：

1）掌握组合体的组合形式。

2）掌握组合体的表面连接关系。

【知识链接】

6.1.1　组合体的组合形式

大多数零件均可看作是由一些基本体组合而成的组合体，这些基本体可以是完整的几何体，如棱柱、棱锥、圆柱、圆锥、球等，也可以是不完整的几何体或它们简单的组合体。

组合体的组合形式可分为叠加和切割两种，而常见的组合体为两种形式的综合，如图 6-2 所示。

（1）叠加　构成组合体的各基本体相互堆叠。

（2）切割　从基本体中切去部分基本体。

（3）综合　既有叠加又有切割。

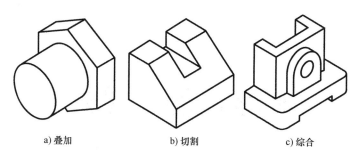

a) 叠加   b) 切割   c) 综合

图 6-2　组合体的组合形式

6.1.2　组合体的表面连接关系

1. 表面平齐与不平齐

1）两基本体表面不平齐，连接处应有线隔开，如图 6-3 所示。

2）两基本体表面平齐，连接处不应有线隔开，如图 6-4 所示。

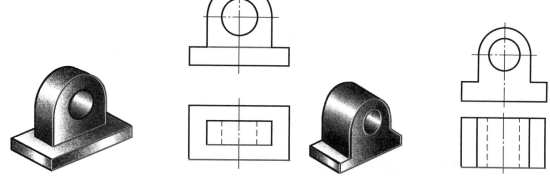

图 6-3　组合体表面不平齐   图 6-4　组合体表面平齐

2. 表面相交

当两基本体表面相交时，在相交处应画出分界线，如图 6-5 所示。

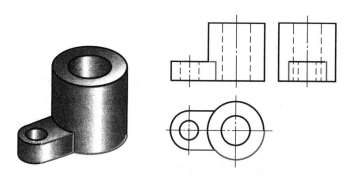

图 6-5　组合体表面相交

3. 表面相切

当两基本体表面相切时，其相切处是光滑过渡，不应画线，如图6-6所示。

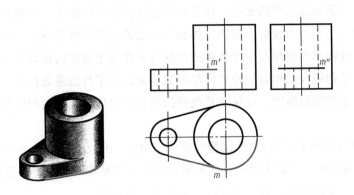

图6-6 组合体相邻表面相切

任务6.2 轴承座的视图画法

任务描述：绘制图6-1所示轴承座的三视图。

任务目标：掌握组合体三视图的画法。

6.2.1 形体分析

把组合体分解成若干个基本体的分析方法，称为形体分析法，如图6-7所示。画组合体视图之前，应对组合体进行形体分析，了解组合体上各基本体的形状、组合形式、相对位置以及在某个方向上是否对称，以便对组合体的整体形状有个概念，为画图做准备。

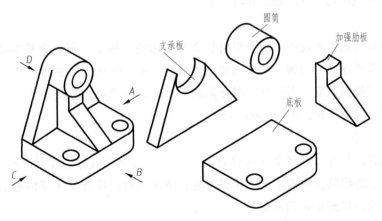

图6-7 组合体的形体分析

6.2.2　选择主视图

三视图中主视图是最主要的视图，这是由于主视图是反映物体主要形状特征的视图。选择主视图就是确定主视图的投射方向和物体相对于投影面的安放位置。一般选择反映物体形状特征最明显、反映形体间相互位置最多的投射方向作为主视图的投射方向；安放位置应反映位置特征，并使物体表面相对于投影面尽可能多地处于平行或垂直位置，也可选择物体放置的自然位置。主视图的确定，应保证其他视图尽量少出现虚线。主视图确定后，其他视图也就随之而定。

现将图6-7所示的轴承座按自然位置安放后，对A、B、C、D各个方向投射所得的视图进行比较，如图6-8所示。选出最能反映轴承座各部分形状特征和相对位置的B方向作为主视图的投射方向。主视图确定后，左视图、俯视图就此而定。

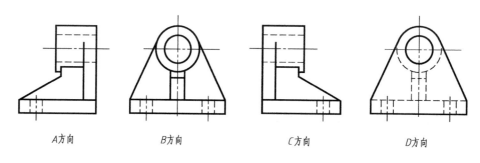

A方向　　　　B方向　　　　C方向　　　　D方向

图6-8　选择主视图

6.2.3　轴承座三视图的作图步骤

1. 布置视图并画基准线

画图之前，要根据物体的形状特点，选择恰当的比例和图幅。在画图时，应先用基准线在图幅内定好各视图的位置，如图6-9a所示。

2. 画底稿

根据各基本体的投影规律，逐个画出各个基本体的三视图。画每个基本体的三视图时，应该三个视图联系起来一起画，并从反映形体特征的视图画起，再按投影规律画出其他两个视图。为了提高绘图速度，不要画完组合体的一个完整视图后，再画另外一个。画底稿时要用细实线绘制，以便修改，如图6-9b~e所示。

3. 检查并描深

底稿画完后，要对形体逐个仔细检查。对形体间的交线应特别注意，擦去形体间因相切、共面而多余的线段。纠正错误、补充遗漏、擦去多余是检查的主要内容。检查完毕后，按标准图线描深，如图6-9f所示。

有时，几种图线可能重合，一般按粗实线、细虚线、细点画线、细实线的顺序取舍。

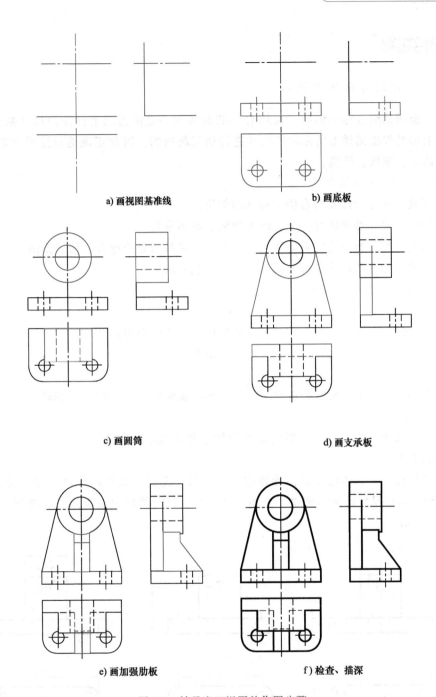

a) 画视图基准线　　　　　　　　b) 画底板

c) 画圆筒　　　　　　　　d) 画支承板

e) 画加强肋板　　　　　　　f) 检查、描深

图 6-9　轴承座三视图的作图步骤

任务6.3　轴承座的尺寸标注

任务描述：给如图 6-9 所示的轴承座进行尺寸标注。

任务目标：能够对组合体进行正确、完整、清晰、合理的尺寸标注。

【知识链接】

6.3.1　组合体尺寸标注的规则

视图只能表达组合体的形状，而组合体的真实大小是由视图上标注的尺寸数值来确定的。生产上都是根据图样上所标注的尺寸进行加工制造的，因此正确地标注尺寸非常重要，必须做到认真、细致、严谨。

1. 标注尺寸的基本要求

（1）正确　尺寸标注要符合国家标准的规定。

（2）完整　尺寸必须注写齐全，既不遗漏，也不重复。

（3）清晰　尺寸布置的位置要恰当，尽量注写在最明显的地方，便于读图。

（4）合理　标注的尺寸要符合设计要求及工艺要求。

2. 尺寸基准的选定

组合体是一个空间形体，有长、宽、高三个方向的尺寸，每个方向至少要有一个基准。如果同一方向有几个基准，则其中一个为主要基准，其余为辅助基准。通常以零件的底面、端面、对称平面和轴线作为尺寸基准，如图 6-10 所示。

3. 尺寸种类

（1）定形尺寸　定形尺寸是指确定组合体各组成部分（基本体）的形状、大小的尺寸，如图 6-10a 所示。

（2）定位尺寸　定位尺寸是指确定组合体上各组成部分（基本体）相对位置的尺寸，如图 6-10b 所示。

（3）总体尺寸　总体尺寸是指确定组合体总长、总宽、总高的尺寸。这里需注意：组合体的定形、定位尺寸已标注完整，再加上总体尺寸有时将出现重复尺寸，必须进行调整，如图 6-10c 所示。

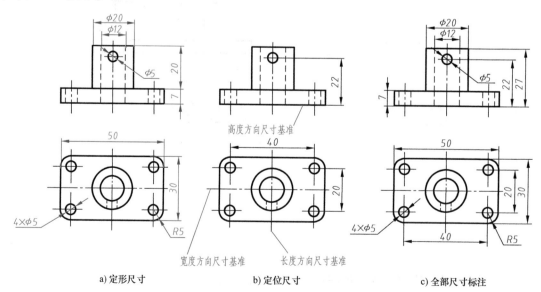

a) 定形尺寸　　　　b) 定位尺寸　　　　c) 全部尺寸标注

图 6-10　尺寸种类

6.3.2　标注组合体尺寸的步骤和方法

1. 形体分析

将组合体分解为若干个基本体。

2. 选定尺寸基准，标注定位尺寸

组合体的长、宽、高三个方向的尺寸基准，常采用组合体的底面、端面、对称平面和主要回转体的轴线。基准确定后，标注各基本体之间相对位置的定位尺寸。

3. 标注定形尺寸

标注各基本体的定形尺寸。

4. 进行尺寸调整，并标注总体尺寸

因为定位尺寸、定形尺寸和总体尺寸有重复情况，为避免尺寸的重复标注，必须进行尺寸调整，并标注总体尺寸，如图6-11所示。

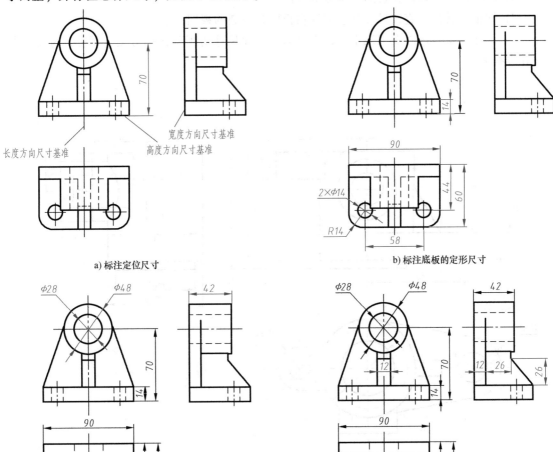

图 6-11　轴承座的尺寸标注

6.3.3　尺寸标注应注意的问题（图 6-12）

1）尺寸应尽量标注在视图轮廓线外，尽量不影响视图（在不影响图形的清晰表达且有足够的位置时，也可把尺寸标注在视图内）。线性尺寸一般将小尺寸布置在里，大尺寸布置在外；尺寸线和尺寸界线尽量不要相交；尺寸线和尺寸线不要相交。

2）同一方向上连续标注的尺寸应尽量放在一条线上。

3）两个视图的共有尺寸，尽量标注在两个视图之间，以便读图方便。

4）相互关联的尺寸应尽量集中在某一、两个视图上标注，以便较快地确定基本体的形状和位置。

5）为了读图方便，定形尺寸应标注在显示该部分形体特征最明显的视图上，定位尺寸应尽量标注在反映形体间相对位置特征明显的视图上。

6）半径尺寸应标注在投影为圆弧的视图上。

7）同轴回转体的直径尺寸尽量标注在投影为非圆的视图上。

8）尺寸尽量不标注在虚线上。但有时为了图面尺寸清晰与读图方便，部分尺寸也可标注在虚线上。

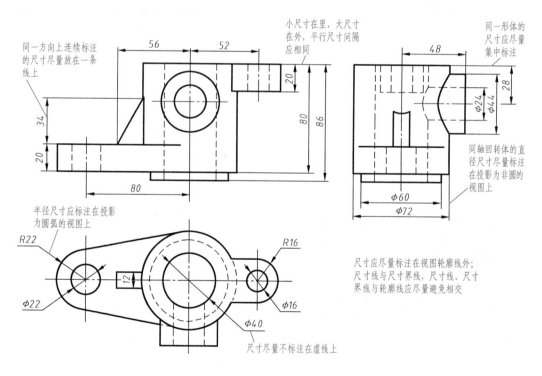

图 6-12　尺寸标注应注意的问题

9）相贯线和截交线上不标注尺寸。如图 6-13 所示，画"×"的是不能标注的尺寸。

以上尺寸标注的原则，有时不能兼顾，必须经综合分析、比较，选择合适的标注形式。

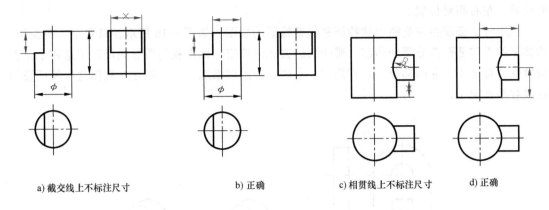

a) 截交线上不标注尺寸　　　　b) 正确　　　　c) 相贯线上不标注尺寸　　　　d) 正确

图 6-13　不能在截交线和相贯线上标注尺寸

任务6.4　读支座的三视图

任务描述：读如图 6-14 所示支座的三视图。

任务目标：能够熟练利用形体分析法和线面分析法分析识读组合体的三视图。

▶【知识链接】

6.4.1　三个视图结合起来读图

在工程图样中，组合体的形状是通过几个视图来表达的，每个视图只能反映机件一个方向的形状，因而，仅由一个或两个视图往往不一定能唯一地表达某一组合体的形状。

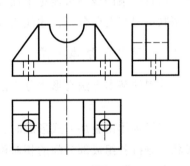

图 6-14　支座三视图

在如图 6-15 所示的五组组合体的视图中，它们的主视图均相同，仅看一个视图不能确定组合体的空间形状和各部分间的相对位置，必须同俯视图联系起来看，才能明确组合体各部分的形状和相对位置。由组合体的主视图可了解各部分间的上下、左右相对位置，由俯视图可了解各部分之间

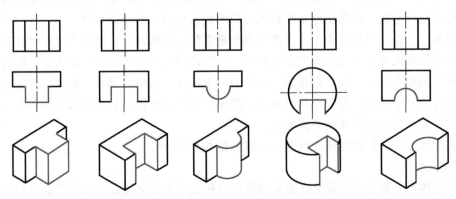

图 6-15　主视图相同的不同组合体

的前后、左右相对位置。

读图时，必须抓住反映形状特征和位置特征的视图。如图 6-16 所示，只看主、俯视图，物体上的Ⅰ与Ⅱ两部分哪个凸起、哪个凹进去无法确定，而左视图明显地反映了这两个位置的特征。对于Ⅰ、Ⅱ两部分，只有把主、左两个视图联系起来看，抓住左视图这个特征视图就很容易确定了。

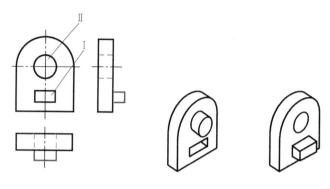

图 6-16　寻找特征视图

视图中的每个封闭线框，通常都是物体一个表面（包括平面和曲面）或孔的投影。视图中的每一条图线则可能是平面或曲面的积聚投影，也可能是线的投影。因此，必须将几个视图联系起来对照分析，才能明确视图中线框和图线所表示的意义。

6.4.2　读图的基本方法

读图的基本方法有形体分析法和线面分析法。

1. 形体分析法

当组合体由叠加方式形成时，常采用形体分析法对组合体进行分解，确定各组成部分的形状，分析各组成部分间的相对位置及表面连接关系，再综合起来想象组合体的整体形状。

分析步骤如下：

1）由特征视图（形状和位置视图）入手，将组合体视图分解为各特征线框。

2）由三等关系对照投影，找出各特征线框所对应的基本体的其他投影。

3）由每个基本体的三视图线框，想象出各基本体的空间结构，并由表面连接情况想象出组合体的空间形状，最后由已知组合体的视图校正组合体的空间形状。

一般来说，在一组视图中，主视图是最为重要的一个图形，它能够比较明确地反映组合体的基本特征和大部分组成部分的结构特点。所以读图时一般先从主视图入手，配合其他视图，找出反映组合体特征较多的视图，从图上将组合体分解成几部分。利用三等关系，划分出每一部分的三个投影，想象它们的形状。抓住位置特征视图，分析各部分间的相互位置关系，再综合起来想象组合体的整体形状。

利用形体分析法识读支座三视图，步骤如图 6-17 所示。

2. 线面分析法

当组合体由切割方式形成时，常采用线面分析法对组合体主要表面的形状进行分析，进而准确地想象组合体的形状。

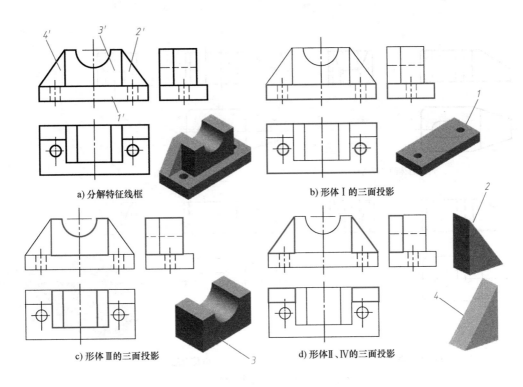

a) 分解特征线框　　　　　　　　　　b) 形体Ⅰ的三面投影

c) 形体Ⅲ的三面投影　　　　　　　　d) 形体Ⅱ、Ⅳ的三面投影

图 6-17　形体分析法读支座的三视图

分析步骤如下：

1）由特征视图（形状和位置视图）入手，将组合体视图分解为线、线框。

2）由三等关系对照投影，找出各特征线、线框所对应的线、面的其他投影。

3）运用投影特性，分析线、线框的空间位置，想象组合体的空间形状，最后由已知组合体的视图校正组合体的空间形状。

利用线面分析法识读组合体三视图的实例，如图 6-18 所示。

形体分析法较适合于以叠加方式形成的组合体，线面分析法较适合于以切割方式形成的组合体。由于组合体的组合方式往往既有叠加又有切割，所以读图时一般不是独立地采用某种方法，而是两者综合使用，互相配合，互相补充。

3. 读图的一般步骤

1）抓特征分解组合体。以主视图为主，配合其他视图，找出反映组合体特征较多的视图，从图上将组合体分解成几部分。

2）对照投影确定形体。利用三等关系，划分出每一部分的三个投影，想象它们的形状。

3）线面分析攻难点。当形体由切割方式形成时，常采用线面分析法对形体主要表面的形状进行分析，进而准确地想象形体的形状。

4）综合起来想整体。抓住位置特征视图，分析各部分间的相互位置关系，综合起来想象组合体的整体形状。

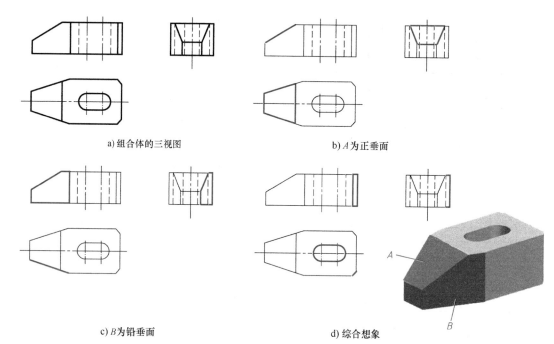

a) 组合体的三视图　　　　　　　　　　　　　　b) A为正垂面

c) B为铅垂面　　　　　　　　　　　　　　　d) 综合想象

图 6-18　线面分析法读组合体的三视图

项目7

典型零件的视图表达

在生产中，当零件的结构形状比较复杂时，仅用前面介绍的三视图，很难把零件的内外形状和结构准确、完整、清晰地表达出来，为此，国家机械制图标准中规定了各种图样的画法，包括向视图、剖视图、断面图、局部放大图、简化画法和其他规定画法等。

本项目通过端盖（图7-1）和轴（图7-2）的视图分析，学习不同结构形状零件的表达方法。

图 7-1 端盖

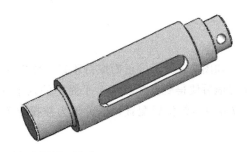

图 7-2 轴

任务 7.1 基本视图

任务描述：学习基本视图的画法及注意事项。

任务目标：掌握基本视图的画法。

【知识链接】

7.1.1 基本视图（GB/T 13361—2012、GB/T 17451—1998）

将物体向基本投影面投射所得到的视图，称为基本视图。

国家机械制图标准中规定，对于形状比较复杂或比较特殊的物体，有时三个视图不能或不便完整、清晰地表达其内部形状，则可根据国家标准规定，在原有三个投影面的对面，各增加一个与之平行的投影面，构成一个正六面体，将物体放在其中，投射后就得到六个视图，称为基本视图，如图7-3所示。除了前面所述的主、俯、左视图外，其余三个视图分别是：

右视图——从右向左投射所得到的视图，反映物体的上下位置和前后位置。

后视图——由后向前投射所得到的视图，反映物体的左右位置和上下位置。

仰视图——由下向上投射所得到的视图，反映物体的左右位置和前后位置。

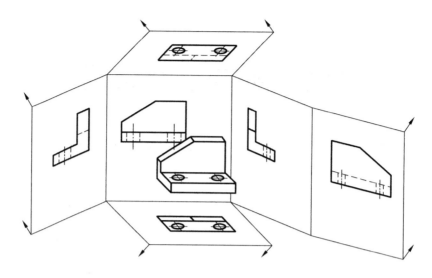

图 7-3　基本视图的形成与展开

如图 7-3 所示，正面保持不动，将基本投影面沿箭头方向展开到一个平面上，去掉投影面边框后便得到物体在一个平面内的六个基本视图，如图 7-4 所示。在同一张图样中按照如图 7-4 所示的位置配置视图，称为按投影关系配置视图，可不标注视图名称。

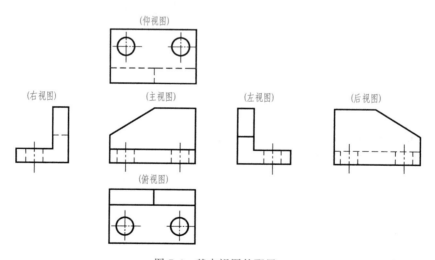

图 7-4　基本视图的配置

六个基本视图仍应保持"长对正、高平齐、宽相等"的原则。绘制物体图样时，应根据物体形状的复杂程度选用必要的几个基本视图，而不是任何物体都需用六个基本视图来表达。在选择基本视图时，优先选用主、俯、左视图。

7.1.2　向视图（GB/T 17451—1998）

向视图是可自由配置的视图。

在实际作图时，由于考虑各视图在图样中的合理布置问题，如不能按如图 7-4 所示配置视图或各视图不画在同一张图样上时，应在视图的上方用大写拉丁字母标出视图的名称，如"*A*"，在相应的视图（通常选主视图）附近用箭头指明投射方向，并标注相同的字母，但主、俯、左视图的位置关系不能变，如图 7-5 所示。

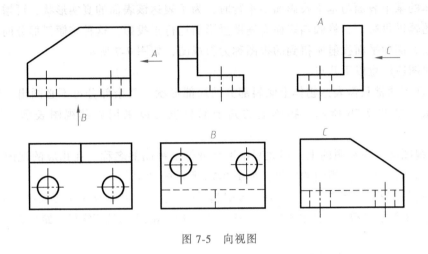

图 7-5　向视图

7.1.3　局部视图（GB/T 17451—1998、GB/T 4458.1—2002）

将物体的某一部分向基本投影面投射所得到的视图，称为局部视图。局部视图常用于表达物体上局部结构的外形。如图 7-6 所示凸台，在主、俯视图中未能表达清楚，又没有必要画出完整的左视图，这时可用局部视图 *A* 表示。

画局部视图应注意以下几点：

1）一般在局部视图的上方标出视图的名称（大写拉丁字母，如"*A*"），在相应的视图附近用箭头指出投射方向，并标上相同的字母。

2）局部视图的范围用细波浪线表示。当所表示的局部结构是完整的且外形轮廓为封闭线框时，波浪线可以省略不画，如图 7-6c 所示。

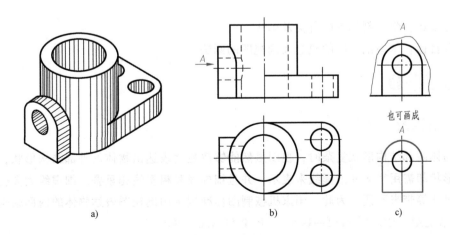

a)　　　　　　　　　　　　b)　　　　　　　　c)

图 7-6　局部视图

3）局部视图一般按基本视图的配置形式配置。当局部视图按基本视图的配置形式配置，中间又没有其他图形隔开时，可省略标注。

7.1.4　斜视图（GB/T 17451—1998）

当物体的某个表面与基本投影面不平行时，为了表达该表面的真实形状，可增加与倾斜表面平行的辅助投影面，将倾斜表面向辅助投影面进行正投影。这种将倾斜部分向不平行于任何基本投影面的平面投射所得到的视图称为斜视图，如图 7-7 所示。

画斜视图应注意以下几点：

1）斜视图通常只需表达物体上倾斜部分的局部形状，其余部分可不必画出，用细波浪线表示断裂，如图 7-7b 所示。物体上的其余部分也可以采用局部视图表示，如图 7-7b 所示。

2）斜视图必须在视图的上方用大写拉丁字母标出视图的名称，在相应的视图附近用箭头指出投射方向，并标注相同的字母，如图 7-7b 所示的 "A"。

3）斜视图通常按投影关系配置。在不致引起误解时，允许将斜视图旋转配置，这时，要在该视图的上方标注旋转符号，其箭头端靠近表示该视图名称的大写拉丁字母，如图 7-7c 所示。

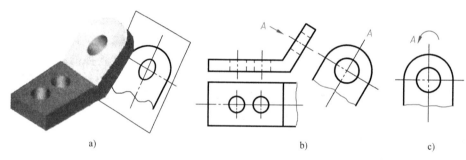

a)　　　　　　　　　b)　　　　　　　　　c)

图 7-7　斜视图

任务 7.2　剖视图

任务描述：学习剖视图的种类及画法。

任务目标：掌握剖视图的概念及剖视图的画法。

【知识链接】

7.2.1　剖视图的概念

当物体内部结构形状复杂时，视图虽然能够清楚地表达出物体的外部结构形状，但其内部结构形状却需用很多的细虚线来表示，并且细虚线和粗实线相重叠。细虚线太多会给读图和标注尺寸等带来不便。为此，国家机械制图标准规定用剖视图表达物体的内部结构形状。

1. 剖视图（GB/T 17452—1998、GB/T 4458.6—2002）

假想用剖切面（一般是平面）剖开物体，将处于观察者和剖切面之间的部分移去，而将其余部分向相应的投影面投射所得到的视图，称为剖视图。**在剖视图中，剖切面与物体接触的部分称为剖面区域。**

如图 7-8a 所示，若物体采用三视图表达，则孔和槽都用细虚线表示。为了清楚地表达这些结构，假想用一个通过左右两孔轴线的正平面将物体剖开，移去剖切平面前面部分，将其余部分向相应的投影面投射得到图形，这个图形能够显示出物体的内部结构，如图 7-8b 中的 A — A 剖视图所示。

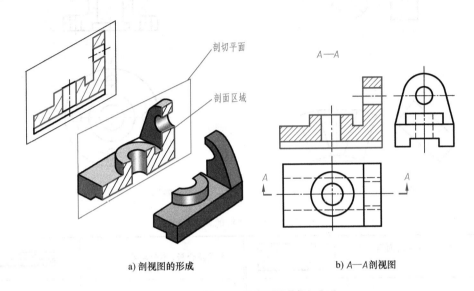

a) 剖视图的形成　　　　　　　　　b) A—A 剖视图

图 7-8　剖视图

2. 剖视图的画法

1）剖视图是用来表达物体内部结构的，因此，剖切面一般应通过物体的对称面或内部孔、槽等结构的轴线，并平行于相应的投影面，如图 7-8a 所示。

2）将剖切面后面的可见轮廓线画成粗实线，不得漏画，如图 7-8b 所示下面槽的正面投影。

3）剖切是假想的，因此，当一个视图采用剖视后，其他视图仍按完整的形状画出，如图 7-8b 所示左视图和俯视图未进行剖视，但互不影响。

4）剖面区域要画剖面符号。

3. 剖面符号

国家标准规定，当不需要在剖面区域中表示材料的类别时，可采用通用剖面线表示。通用剖面线一般是：与水平线成 45°或 135°，相互平行的，间隔均匀的一组细实线，细实线必须与物体的轮廓粗实线相交，如图 7-9 所示。同一物体的不同剖面区域，其剖面线方向及间隔应一致。当物体主视图中的倾斜轮廓与水平方向成 45°时，不宜将主视图中的剖面线画成与主要轮廓线成 45°，而可将该视图中的剖面线画成与水平线成 30°或 60°的平行线，但其倾斜方向仍应与其他视图中的剖面线一致，如图 7-10 所示。

若需在剖面区域中表示材料的类别，则应采用特定的剖面符号表示。各种材料的剖面符号见表 7-1。

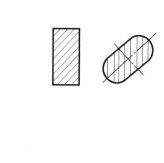

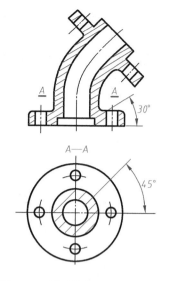

图 7-9　剖面线的通用画法（一）　　　　图 7-10　剖面线的通用画法（二）

表 7-1　各种材料的剖面符号

金属材料(已有规定剖面符号者除外)		木质胶合板(不分层数)	
线圈绕组元件		基础周围的泥土	
转子、电枢、变压器和电抗器等的迭钢片		混凝土	
非金属材料(已有规定剖面符号者除外)		钢筋混凝土	
型砂、填砂、粉末冶金、砂轮、陶瓷刀片、硬质合金刀片等		砖	
玻璃及供观察用的其他透明材料		格网(筛网、过滤网等)	
木材	纵剖面	液体	
	横剖面		

4. 剖视图的简易画法

1）画出物体的视图。

2）确定剖切面的位置。

3）改视图为剖视图时，剖开后的可见轮廓线（原视图中的细虚线）改成粗实线，擦掉视图上的多余线条（指外部结构中的图线）。

4）画剖面符号。

5. 剖视图的标注

为便于读图，剖视图应按国家标准的规定标注。根据具体情况，标注允许简化或省略。一般应在剖视图的上方用大写拉丁字母标出剖视图的名称，如"A—A"。在相应的视图上用剖切符号表示剖切位置和投射方向，并标注相同的字母。剖切符号用于指示剖切面的起、迄和转折位置，如图7-11所示。剖切符号用短粗实线和箭头表示，箭头表示投射方向。字母一律水平方向书写。

当剖视图按投影关系配置，中间又没有其他图形隔开时，可以只画剖切面位置符号，省略箭头，如图7-10所示。当单一剖切平面通过物体的对称平面或基本对称平面，且剖视图按投影关系配置，中间又没有其他图形隔开时，可不加任何标注，如图7-8所示A—A剖视图就可不加任何标注。

6. 绘制剖视图应注意的问题

1）剖视图是用来表达物体内部结构的，因此剖切面一般应通过物体的对称面或内部孔、槽等结构的中心轴线，并平行于相应的投影面，如图7-8所示。

2）不要把剖切面后面的可见轮廓线漏画。由于剖视图是剖切面后面的完整投影，因此，凡剖切面后面的可见轮廓线应全部画出，不得遗漏。

3）剖切是假想的，因此，当一个视图采用剖视后，其他视图仍按完整的形状画出。

4）剖视图中的细虚线处理。物体采用剖视后，已经表达清楚的细虚线可省略不画。但那些不画就无法确定物体形状的细虚线，仍应保留。

7.2.2　剖视图的种类

一般按剖开物体的范围大小不同，剖视图可分为全剖视图、半剖视图和局部剖视图三种。

1. 全剖视图

用剖切面将物体完全剖开所得到的剖视图称为全剖视图。全剖视图适用于内部结构复杂而外形比较简单的不对称物体。对于外形虽复杂但另有视图表达清楚的情况，也可采用全剖视图，如图7-11所示的主视图采用了全剖视图，清楚地反映了物体的内部结构。

2. 半剖视图

当物体具有对称平面时，向垂直于对称平面的投影面上投射，所得到的图形可以以对称中心线为界，一半画成剖视图，一半画成视图，这种组合的图形称为半剖视图。半剖视图主要用于表达内、外形状都需要表达的对称物体，如图7-12所示。当物体的形状接近对称且不对称部分另有图形表达清楚时，也可以采用半剖视图。

画半剖视图时应注意以下几点：

1）半个视图和半个剖视图的分界线只能为细点画线（图形的对称中心线），如果物体

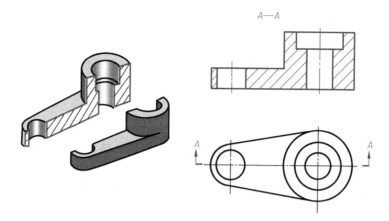

图 7-11　全剖视图

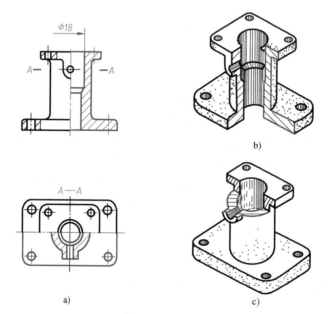

图 7-12　半剖视图

中的其他图线恰好与细点画线重合，则不能采用半剖视图。

2）由于具有对称的特点，在半个视图中一般不画表示物体内部形状的细虚线，但孔、槽等需用细点画线标明其中心位置。标注对称结构的尺寸时，尺寸线应略超过对称中心线。

3）半剖视图的标注方法与全剖视图的标注方法相同。

4）一般剖右（半边）留左（半边），如图 7-12 所示的主视图；剖前（半边）留后（半边），如图 7-12 所示的俯视图。

3. 局部剖视图

用剖切面局部剖开物体所得到的剖视图，称为局部剖视图。当物体只有局部内形需要表达，而仍需保留外形时，就不宜采用全剖视图，此时采用剖切面局部地剖开物体。如图 7-13 所示，若想表示底板上两个通孔的内部形状，可采用局部剖视图，这样内、外形都能表达清楚。局部剖视图的剖切位置、剖切范围的大小均可视具体情况而定，是一种较为灵活的表达方法，但在同一视图中不宜采用过多的局部剖视图，否则会使图形过于凌乱，给读图带来困难。

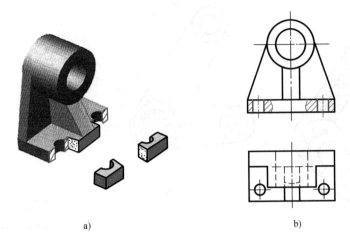

a)　　　　　　　　　　　　b)

图 7-13　局部剖视图

绘制局部剖视图时应注意以下几点：

1）局部剖视图与视图应以波浪线为界，波浪线表示物体断裂面的投影，因而波浪线应画在物体的实体部分，不能超出视图的轮廓线，也不能与轮廓线重合或画在轮廓线的延长线上。

2）用波浪线表示局部剖视图的范围，作为局部剖视图与视图的分界，同时将处于剖切面或剖切面后面的可见轮廓线都画出，并改画为粗实线，再画上剖面线。

3）当被剖切的结构为回转体时，允许用该结构的对称中心线代替波浪线。

4）通常省略局部剖视图的标注。

7.2.3　剖切面的种类

由于物体的内部结构形状各不相同，剖切时常需采用不同位置和不同数量的剖切面。为此，国家标准规定在进行全剖、半剖或局部剖时，可以选择下列任意一种或几种剖切面。

1. 单一剖切面

单一剖切面一般是指用一个平面剖开物体，剖切面可以平行于基本投影面，也可以不平行于基本投影面。

1）平行于基本投影面的单一剖切平面。前面介绍的全剖视图、半剖视图和局部剖视图都是用平行于基本投影面的单一剖切平面剖开物体得到的，是最常用的剖视图。

2）不平行于基本投影面的单一剖切平面。用不平行于任何基本投影面的剖切平面剖开物体的方法称为斜剖，其主要用于表达物体上倾斜结构的内部形状。如图 7-14a 所示，用一个不平行于基本投影面的正垂面 A 剖开物体，然后将倾斜结构向平行于剖切平面的辅助投影面投射，即得到斜剖视图。如图 7-14b 所示，采用这种方法画剖视图时，必须进行标注，表示投射方向的箭头应与剖切平面垂直，字母一律水平注写。剖视图最好按箭头所指的方向配置，必要时允许将剖视图旋转配置，但必须标注旋转符号，如图 7-14c 所示。

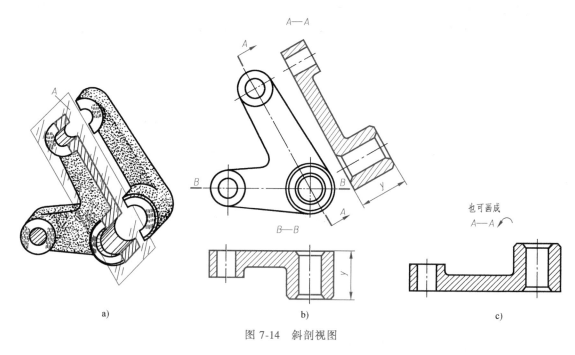

图 7-14　斜剖视图

2. 几个平行的剖切平面

当物体上具有几种不同的需要剖切的结构要素（如孔、槽等），而且它们的中心线排列在相互平行的不同平面上时，宜采用几个平行的剖切平面。用几个平行的剖切平面剖开物体的方法称为阶梯剖。如图 7-15 所示，物体上有多个中心线不在同一平面内的孔，为表达这些孔的形状，用三个相互平行的正平面分别通过孔的中心线剖开物体，然后向正面投射，就得到阶梯剖的主视图。

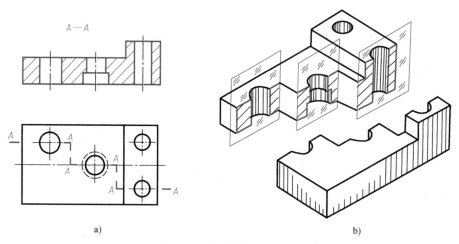

图 7-15　阶梯剖视图（一）

画阶梯剖视图时应注意以下几点（图 7-16）：

1）剖切符号的转折处应避免与视图中的其他图线重合。

2）在剖视图中不应画出剖切平面转折处的界线。

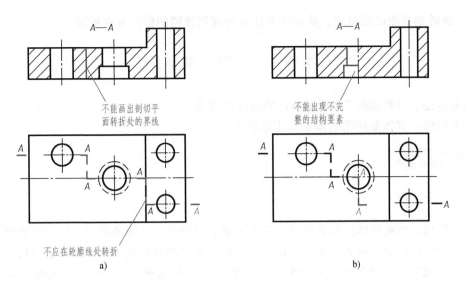

图 7-16　阶梯剖视图（二）

3）图形内不应出现不完整的要素；剖视图必须标注。

3. 几个相交的剖切平面

用几个相交的剖切平面（交线垂直于某一投影面）剖开物体的方法称为旋转剖。

如图 7-17 所示，端盖上的孔沿物体的某一轴线分布时，可用两个相交于轴线的平面剖开，并将剖到的结构绕轴线旋转到与选定的投影面平行再进行投射，即得到旋转的全剖视图。

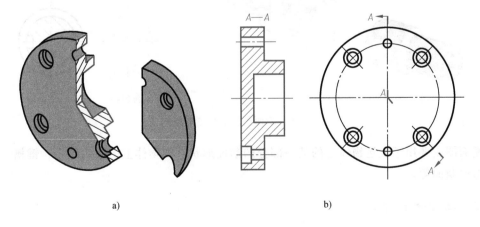

图 7-17　旋转剖视图

画旋转剖视图时应注意以下几点：

1）用两个或两个以上相交的剖切平面剖切时，两个相交剖切平面的交线必须垂直于某一投影面，并且剖切平面中必有一个与投影面平行。

2）作剖视图时，只旋转物体上被剖到的倾斜部分的结构，而倾斜剖切平面后面的其他结构仍按原来位置投射。

3）旋转剖视图必须标注，其标注方法与阶梯剖视图的标注方法相同。

任务 7.3 轴的断面图

任务描述：分析如图 7-2 所示轴的断面图的画法。

任务目标：掌握断面图的画法及注意事项。

【知识链接】

7.3.1 断面图的概念

假想用剖切面将物体的某处切断，移去观察者与剖切面之间的部分，仅画出该剖切面与物体接触部分的图形，称为断面图，简称为断面。断面图就是使剖切面垂直于结构要素的中心线（轴线或主要轮廓线）进行剖切，然后将断面图形旋转 90°，使其与纸面重合而得到的，如图 7-18 所示。

断面图与剖视图的区别在于：断面图仅画出断面的图形，而剖视图则是将断面连同后面部分进行完整投射。

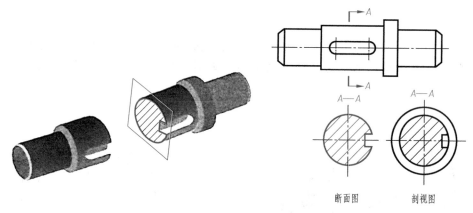

图 7-18　断面图与剖视图的区别

断面图主要用于表达物体上的某一部分的断面形状，如物体上的肋、轮辐、键槽、小孔及型材的断面等。

7.3.2 断面图的种类

断面图分为移出断面图和重合断面图。

1. 移出断面图

画在视图之外的断面图，称为移出断面图，如图 7-18 所示的断面图。

画移出断面图应注意以下几点：

1）移出断面图的轮廓线用粗实线绘制。

2）移出断面图尽量配置在剖切线的延长线上，如图 7-18 所示断面图 *A—A*。必要时也可以配置在其他适当的位置，如图 7-19 所示断面图 *C—C*。

3）当剖切面通过由回转体形成的孔或凹坑等结构的轴线时，这些结构也应按剖视图绘制，如图7-19所示。当剖切面通过非圆孔而导致出现完全分离的两个断面时，这些结构应按剖视图绘制。

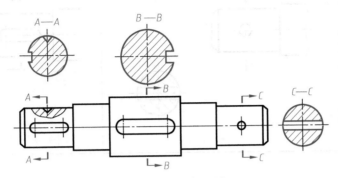

图 7-19　移出断面图

4）剖切面一般应该垂直于主要轮廓线。当遇到如图7-20所示的肋板结构时，可用两个相交的剖切平面（分别垂直于左、右肋板）进行剖切。画出的移出断面图，中间一般用波浪线断开。

图 7-20　两个相交平面剖切的移出断面图

5）移出断面图的标注（表7-2），应掌握以下要点：

① 断面图画在剖切线的延长线上时，如果断面图是对称图形，可完全省略标注；若断面图不对称，则需用剖切符号表示剖切位置和投射方向。

② 断面图不画在剖切线的延长线上时，不论断面图是否对称，都应画出剖切符号，并用大写字母标注断面图名称。

表 7-2　移出断面图的标注

剖切位置		对称的移出断面图	不对称的移出断面图
在剖切线（或剖切平面迹线）的延长线上		不必标注	省略字母
不在剖切线的延长线上	按投影关系配置	省略箭头	省略箭头

（续）

剖切位置		对称的移出断面图	不对称的移出断面图
不在剖切线的延长线上	不按投影关系配置	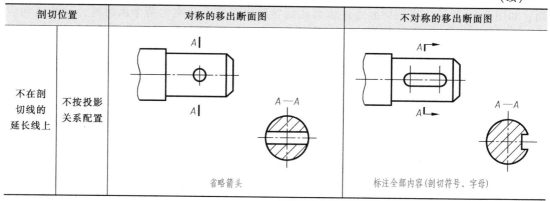 省略箭头	标注全部内容(剖切符号、字母)

2. 重合断面图

剖切后将断面图重叠在视图上，这样得到的断面图，称为重合断面图。

重合断面图的轮廓线用细实线画出。当视图中的轮廓线与重合断面图重叠时，视图中的轮廓线仍然应连续画出，不可间断。如果重合断面图不对称，则应标注剖切符号和投射方向，如图 7-21a 所示。如果重合断面图是对称图形，可省略标注，如图 7-21b 所示。

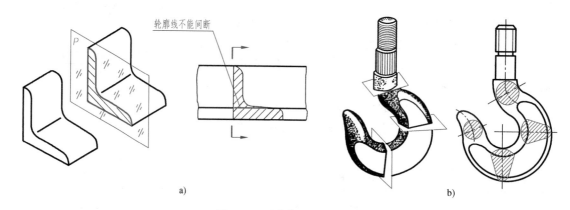

图 7-21　重合断面图的画法

任务7.4　其他表达方法

任务描述：学习其他表达方法。

任务目标：掌握其他表达方法的使用场合及画法。

【知识链接】

1. 局部放大图（GB/T 4458.1—2002）

将图样中的部分结构用大于原图形的比例所绘出的图形，称为局部放大图，如图 7-22 所示。

物体上细小结构的形状，如采用局部放大图表达，将使图形清楚，便于读图和标注尺寸。

1）局部放大图可以画成视图、剖视图和断面图，与被放大部位的原表达方法无关，如图 7-22a 所示。

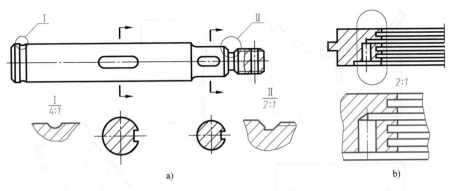

图 7-22　局部放大图

2）局部放大图应尽量配置在被放大部位附近，用细实线圈出被放大部位，如图 7-22a 所示。

3）当同一物体上有几处部位被放大时，必须用罗马数字依次标明被放大的部位，并在局部放大图的上方标注出相应的罗马数字和所采用的比例，如图 7-22a 所示。

4）物体上仅有一处部位被放大时，在局部放大图的上方只需说明所采用的比例，如图 7-22b 所示。

2. 简化画法（GB/T 16675.1—2012、GB/T 4458.1—2002）

常用的简化画法有以下几种：

（1）肋板、轮辐、孔等结构剖切时的简化画法　对于物体上的肋板、轮辐及薄壁件等，如按纵向剖切，这些结构都不画剖面符号，而是用粗实线将它们与其他邻接部分分开；但按横向剖切这些结构时，则应画出剖面符号，如图 7-23c 所示。

当回转体上均匀分布的肋板、轮辐、孔等结构不处于剖切面上时，可将这些结构旋转到剖切面上画出，且均布孔只需详细画出一个，其余的只需用细点画线表示其中心位置，如图 7-23a、b 所示。

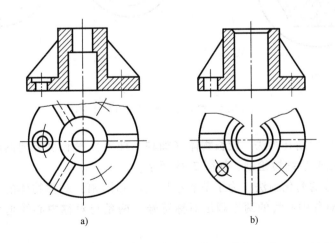

图 7-23　肋板、轮辐、孔等结构剖切时的简化画法

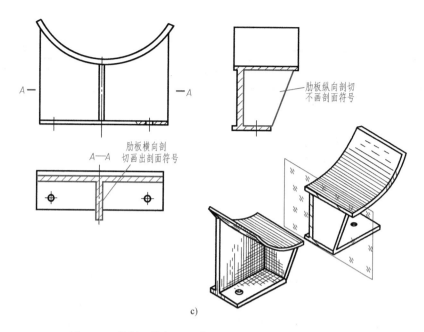

图 7-23 肋板、轮辐、孔等结构剖切时的简化画法 (续)

（2）相同结构要素的简化画法 若干直径相同且成规律分布的孔（圆孔、螺孔、沉孔），可仅画出一个或几个，其余只需用相交细实线表示其中心位置或用图线表示其所在范围，如图 7-24 所示，并注明总数量。

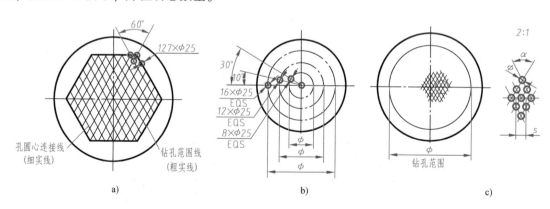

图 7-24 按规律分布的孔的简化画法

（3）较长物体的断开画法 较长物体（如轴、杆等）沿长度方向的形状一致或按一定规律变化时，可断开后缩短绘制，如图 7-25 所示。

（4）对称物体的简化画法 为了节省绘图时间和图幅，对称物体的视图可只画一半或四分之一，并在对称中心线的两端画出对称符号（两条与对称中心线垂直的平行细实线），如图 7-26 所示。

（5）回转体零件上平面的表示 当回转体零件上的平面在图形中不能充分表示时，可用两条相交的细实线（平面符号）表示，如图 7-27 所示。

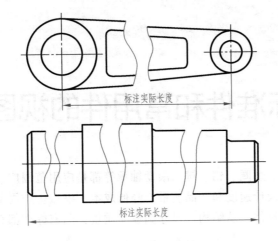

图 7-25 较长物体的断开画法

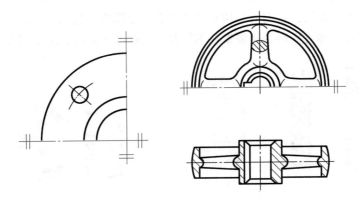

图 7-26 对称物体的简化画法

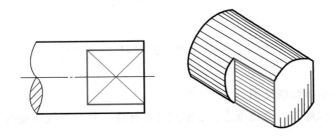

图 7-27 平面的表示法

项目8

标准件和常用件的视图

螺栓、螺钉、螺母、垫圈、销、键、滚动轴承等都是应用范围广、需求量大的机件。为了减轻设计工作，提高设计速度和产品质量，降低成本，缩短生产周期和便于组织专业化生产，对这些面广量大的机件，从结构、尺寸到成品质量，国家标准都有明确的规定。

凡结构、尺寸和成品质量都符合国家标准的机件，称为标准件；不符合国家标准规定的机件，为非标准件。

齿轮、弹簧在机器和设备中应用广泛，结构定型，是常用件。如图 8-1 所示，齿轮中的轮齿和机械零件上的螺纹，它们的结构和尺寸都有国家标准。轮齿、螺纹等结构要素，凡符合国家标准规定的，称为标准结构要素；不符合国家标准规定的，为非标准结构要素。

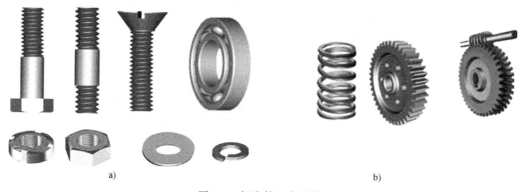

a)   b)

图 8-1　标准件和常用件

任务 8.1　绘制螺纹联接图

任务描述：绘制螺纹联接图。

任务目标：掌握螺纹的简化画法，了解螺纹的标注，掌握螺纹联接的画法。

8.1.1　螺纹概述

1. 螺纹的基本知识

螺纹的使用非常普遍。螺纹是指在圆柱或圆锥表面上，沿螺旋线所形成的具有规定牙型的连续凸起和沟槽，其中凸起部分顶端称为牙顶，沟槽部分底端称为牙底。外螺纹即在圆柱或圆锥外表面上形成的螺纹。内螺纹即在圆柱或圆锥内孔表面上形成的螺纹。

2. 螺纹的基本要素

螺纹的基本要素有牙型、直径、线数、螺距（导程）和旋向。

（1）牙型 螺纹的牙型就是在通过螺纹轴线的剖面上螺纹的轮廓形状。常见的螺纹牙型有三角形、梯形、锯齿形等，见表8-1。

表8-1 螺纹的牙型、代号和标注

螺纹种类		牙型放大图	代号	标注示例	说　明
普通螺纹	粗牙	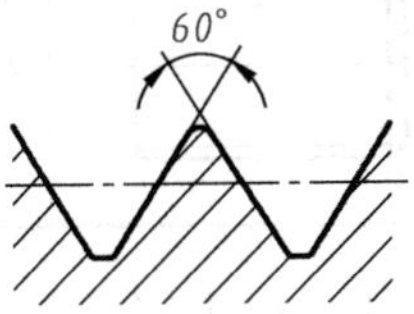	M	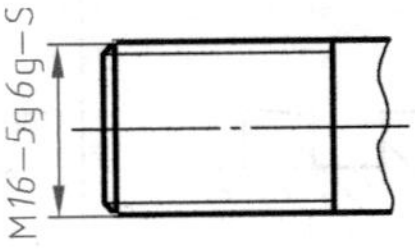	粗牙普通螺纹,公称直径为16mm,查国家标准螺距为2mm,右旋,中径公差带代号为5g,顶径公差带代号为6g,短旋合长度
	细牙				细牙普通螺纹,公称直径为16mm,螺距为1mm,左旋,中径和顶径公差带代号均为6H,中等旋合长度
联接螺纹	55°密封管螺纹	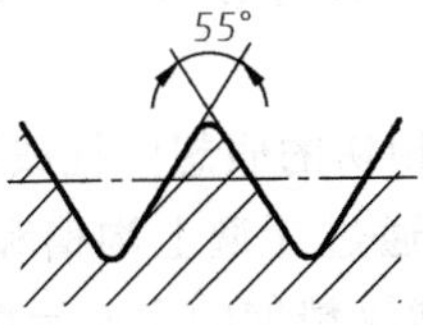	圆柱内螺纹 Rp 圆锥内螺纹 Rc 圆锥外螺纹 R₁、R₂		55°密封管螺纹为圆柱内螺纹,代号 Rp 55°密封管螺纹为圆锥内螺纹,代号 Rc
	55°非密封管螺纹		G	 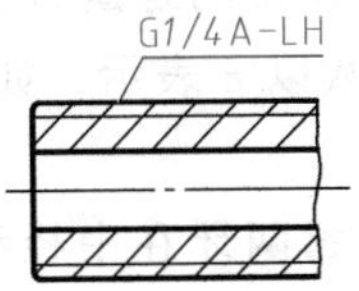	55°非密封管螺纹,管子的孔径为 1/4in（1in = 25.4mm）,外螺纹公差等级为 A 级,左旋
传动螺纹	梯形螺纹	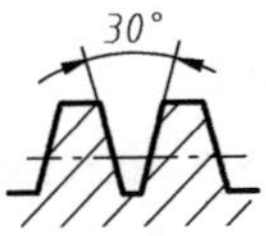	Tr	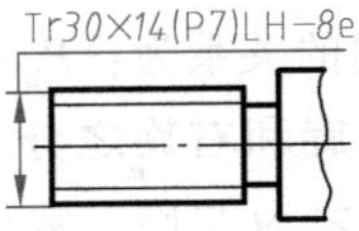	梯形螺纹,公称直径为30mm,导程为14mm（螺距为7mm）,中径公差带代号为8e,中等旋合长度,左旋

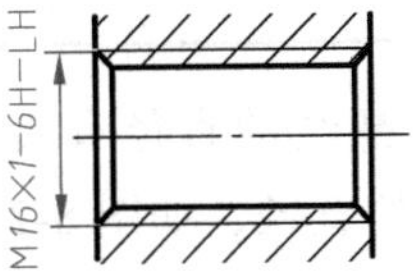

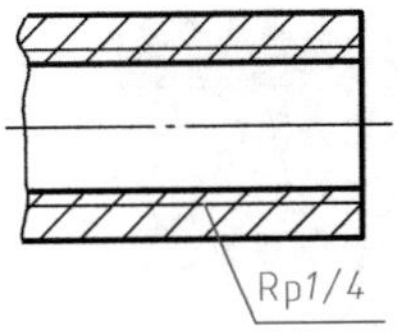

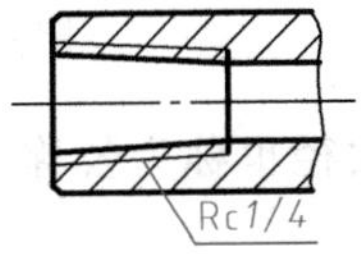

（续）

螺纹种类		牙型放大图	代号	标注示例	说　明
传动螺纹	锯齿形螺纹		B	B32×6-7E	锯齿形螺纹，大径为32mm，螺距为 6mm，中径公差带代号为 7E，中等旋合长度，右旋
	矩形螺纹		非标准螺纹	φ30 φ24 6 3	非标准螺纹必须画出牙型和标注出有关螺纹结构的全部尺寸

（2）螺纹的直径　螺纹的直径有大径、小径和中径。用小写字母表示外螺纹的直径，用大写字母表示内螺纹的直径，如图 8-2 所示。

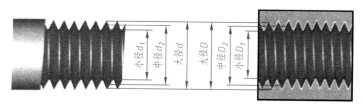

图 8-2　螺纹的直径

1）大径（d、D）。大径也称为公称直径，即与外螺纹牙顶或内螺纹牙底相切的假想圆柱或圆锥的直径。

2）小径（d_1、D_1）。与外螺纹牙底或内螺纹牙顶相切的假想圆柱或圆锥的直径。

3）中径（d_2、D_2）。假想一圆柱或圆锥，其母线通过牙型上沟槽和凸起宽度相等的地方，该假想圆柱或圆锥的直径称为中径。中径是反映螺纹精度的主要参数之一。

（3）线数　螺纹有单线和多线之分。沿一条螺旋线形成的螺纹，称为单线螺纹；沿两条或两条以上在轴向等距分布的螺旋线形成的螺纹，称为多线螺纹，线数以 n 表示，如图 8-3 所示。

（4）螺距和导程　相邻两牙在中径线上对应两点间的轴向距离，称为螺距，用 P 表示；在同一条螺旋线上相邻两牙在中径线上对应两点间的轴向距离，称为导程，用 P_h 表示，如图 8-3 所示。螺距与导程之间的关系为：$P_h = nP$。

（5）旋向　螺纹有左旋和右旋之分。顺时针旋入的螺纹为右旋，反之为左旋。常用的是右旋螺纹。判断螺纹旋向时，可将轴线竖起，螺纹可见部分由左向右上升的为右旋，反之为

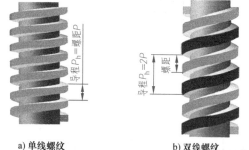

a) 单线螺纹　　b) 双线螺纹

图 8-3　螺纹的线数、螺距和导程

左旋，如图 8-4 所示。另外，螺纹是配对使用的，只有牙型、大径、小径、螺距（导程）、线数、旋向这六个要素完全相同的内、外螺纹才能旋合。

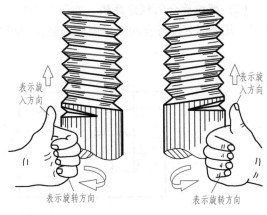

3. 螺纹的分类

螺纹按牙型、直径、螺距三要素是否符合国家标准，可分为三类：

（1）标准螺纹　牙型、直径、螺距三要素符合国家标准的螺纹。

（2）特殊螺纹　牙型符合国家标准，直径或螺距不符合国家标准的螺纹。

（3）非标准螺纹　牙型不符合国家标准的螺纹。

a) 左旋螺纹　　　　b) 右旋螺纹

图 8-4　螺纹的旋向

螺纹按用途可分为联接螺纹和传动螺纹两类，见表 8-1。传动螺纹有梯形螺纹（Tr）、锯齿形螺纹（B）等；联接螺纹有普通螺纹（M）、管螺纹（G）。

4. 螺纹的规定画法（GB/T 4459.1—1995）

为了简化作图，国家标准规定了螺纹的简化画法，绘制应按规定绘制。

（1）外螺纹的规定画法　外螺纹的牙顶（大径）和螺纹终止线用粗实线表示，牙底（小径）用细实线表示（小径近似为大径的 0.85 倍），牙底圆只画 3/4 圆，牙底线应画入倒角部位，如图 8-5 所示。

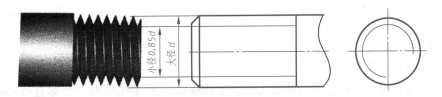

图 8-5　外螺纹的规定画法

（2）内螺纹的规定画法　画内螺纹通常采用剖视图。内螺纹的牙顶（小径）和螺纹终止线用粗实线表示，牙底（大径）用细实线表示（小径近似为大径的 0.85 倍）；牙底圆只画 3/4 圆。绘制不通孔的内螺纹时，应将钻孔深度和螺纹深度分别画出，孔底钻头钻成 120° 的锥底孔要画出。若螺纹采用不剖绘制，牙顶、牙底及螺纹终止线均用细虚线表示，如图 8-6 所示。

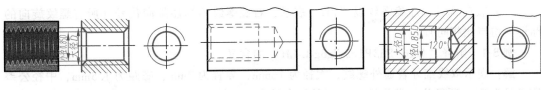

a) 通孔内螺纹　　　　b) 不通孔的内螺纹视图　　　　c) 不通孔的内螺纹剖视图

图 8-6　内螺纹的规定画法

（3）**螺纹旋合的规定画法**　在剖视图中，内、外螺纹旋合部分应按外螺纹的规定画法绘制，其余部分按各自的规定画法绘制，如图 8-7 所示。

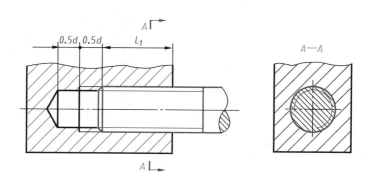

图 8-7　螺纹旋合的规定画法

8.1.2　螺纹的标记及标注

由于螺纹的规定画法不能清楚地表达螺纹的种类、要素及其他要求，因此，需要用规定的标记加以说明。

螺纹标记一般标注在螺纹的大径上，各种螺纹的标注示例见表 8-1。

1. **普通螺纹的标记**（GB/T 197—2018）

普通螺纹即普通用途的螺纹，单线普通螺纹占大多数，其标记格式如下：

螺纹特征代号 公称直径×螺距-公差带代号-旋合长度代号-旋向代号

多线普通螺纹的标记格式如下：

螺纹特征代号 公称直径×Ph 导程 P 螺距-公差带代号-旋合长度代号-旋向代号

标记的注写规则：

（1）**螺纹特征代号**　螺纹特征代号为 M。

（2）**尺寸代号**　公称直径为螺纹大径。单线螺纹的尺寸代号为"公称直径×螺距"。多线螺纹的尺寸代号为"公称直径×Ph 导程 P 螺距"。粗牙普通螺纹不标注螺距。

（3）**公差带代号**　公差带代号由中径公差带代号和顶径公差带代号（对于外螺纹，指大径公差带；对于内螺纹，指小径公差带）组成。大写字母代表内螺纹，小写字母代表外螺纹。若两公差带代号相同，则只写一个。最常用的中等公差精度螺纹（外螺纹为 6g 或 6h，内螺纹为 6H 或 5H），公差带代号可以省略。

（4）**旋合长度代号**　旋合长度分为短（S）、中等（N）、长（L）三种，一般采用中等旋合长度，N 省略不注。

（5）**旋向代号**　左旋螺纹以"LH"表示，右旋螺纹不标注旋向代号（所有螺纹旋向的标记，均与此相同）。

例 8-1　解释"M16×Ph3P1.5-7g6g-L-LH"的含义。

解：表示双线细牙普通外螺纹，大径为 16mm，导程为 3mm，螺距为 1.5mm，中径公差带代号为 7g，顶径公差带代号为 6g，长旋合长度，左旋。

例 8-2　解释"M24-7G"的含义。

解：表示粗牙普通内螺纹，大径为 24mm，查国家标准确认螺距为 3mm（省略），中径和顶径公差带代号均为 7G，中等旋合长度（省略 N），右旋（省略旋向代号）。

例 8-3 已知公称直径为 12mm，细牙，螺距为 1mm，中径和顶径公差带代号均为 6H 的单线右旋普通螺纹，试写出其标记。

解：标记为"M12×1"。

例 8-4 已知公称直径为 12mm，粗牙，螺距为 1.75mm，中径和顶径公差带代号均为 6g 的单线右旋普通螺纹，试写出其标记。

解：标记为"M12"。

2. 管螺纹的标记（GB/T 7306.1~2—2000、GB/T 7307—2001）

管螺纹是在管子上加工的，主要用于联接管件，故称为管螺纹。管螺纹的数量仅次于普通螺纹，是使用数量最多的螺纹之一。由于管螺纹具有结构简单、装拆方便的优点，所以在机床、化工、汽车、冶金、石油等行业中应用较多。

（1）55°密封管螺纹的标记 由于 55°密封管螺纹只有一种公差，GB/T 7306.1~2—2000 规定其标记格式如下：

螺纹特征代号 尺寸代号 旋向代号

标记的注写规则：

1）螺纹特征代号。用 Rc 表示圆锥内螺纹，用 Rp 表示圆柱内螺纹，用 R_1 表示与圆柱内螺纹相配合的圆锥外螺纹，用 R_2 表示与圆锥内螺纹相配合的圆锥外螺纹。

2）尺寸代号。用½、¾、1、1½等表示。

3）旋向代号。与普通螺纹的标记相同。

例 8-5 解释"Rc ½"的含义。

解：表示圆锥内螺纹，尺寸代号为½。

例 8-6 解释"Rp 1½ LH"的含义。

解：表示圆柱内螺纹，尺寸代号为1½，左旋。

例 8-7 解释"R_2 ¾"的含义。

解：表示与圆锥内螺纹相配合的圆锥外螺纹，尺寸代号为¾。

（2）55°非密封管螺纹的标记 根据 GB/T 7307—2001，55°非密封管螺纹标记格式如下：

螺纹特征代号 尺寸代号 公差等级代号-旋向代号

标记的注写规则：

1）螺纹特征代号。用 G 表示。

2）尺寸代号。用½、¾、1、1½等表示，详见附表2。

3）公差等级代号。对外螺纹，分 A、B 两级标记；因为内螺纹公差带只有一种，所以不标记公差等级代号。

4）旋向代号。当螺纹为左旋时，在外螺纹的公差等级代号之后加注"LH"，在内螺纹的尺寸代号之后加注"LH"。

例 8-8 解释"G 1½ A"的含义。

解：表示圆柱外螺纹，尺寸代号为1½，螺纹公差等级为 A 级，右旋。

例 8-9 解释"G ¾ A-LH"的含义。

解：表示圆柱外螺纹，尺寸代号为¾，螺纹公差等级为 A 级，左旋。

例 8-10　解释 "G ½" 的含义。

解：表示圆柱内螺纹，尺寸代号为½，右旋。

3. 螺纹的标注方法（GB/T 4459.1—1995）

公称直径以毫米为单位的螺纹（如普通螺纹、梯形螺纹等），其标记应直接标注在大径的尺寸线或其引出线上；管螺纹的标记一律标注在引出线上，引出线应由大径处或对称中心处引出。

8.1.3　螺纹紧固件

螺纹紧固件是通过螺纹起联接和紧固作用的各种零件。螺纹紧固件的种类很多，如螺栓、螺母、螺钉、垫圈等，大多为标准件。图 8-8 所示为螺纹紧固件的画法。

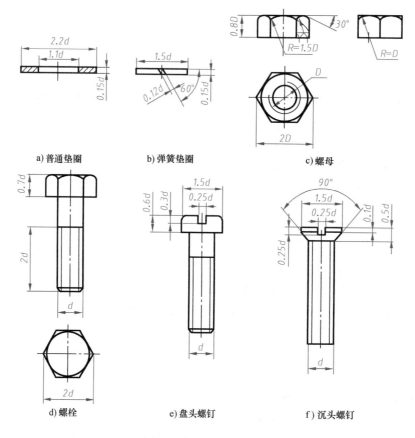

a) 普通垫圈　　　　b) 弹簧垫圈　　　　c) 螺母

d) 螺栓　　　　e) 盘头螺钉　　　　f) 沉头螺钉

图 8-8　螺纹紧固件的画法

1. 螺栓联接

螺栓联接是用螺栓、螺母和垫圈联接允许钻成通孔的零件，如图 8-9 所示。螺栓联接时，先将螺栓穿入零件的两个孔中（孔径一般可按 1.1d 画出），套上垫圈，再旋紧螺母。螺栓联接图通常采用比例画法绘制，即螺纹紧固件各部分尺寸均与螺纹大径成一定比例关系而近似画出。

螺栓的公称长度 $L \geqslant$ 两被连接件的厚度和（$\delta_1 + \delta_2$）+垫圈厚度（h）+螺母高度（m）+螺栓

伸出螺母的高度（a），其中 $a = 0.3d$。计算后再从螺栓标准 GB/T 5782 — 2016 的系列值中选用略大于计算值的标准长度。

说明：

1）当剖切平面通过螺纹紧固件的轴线时，螺纹紧固件应按不剖绘制。

2）两零件的接触表面只画一条轮廓线。

3）两相邻零件的剖面线方向应相反。

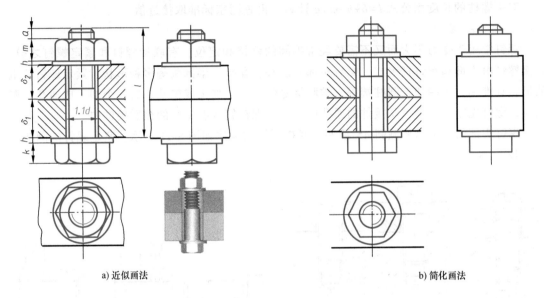

a) 近似画法

b) 简化画法

图 8-9   螺栓联接的画法

2. 双头螺柱联接

双头螺柱联接用于被联接件之一较厚或不能钻成通孔的零件。如图 8-10 所示，双头螺柱的两头均加工有螺纹，联接时，先将螺柱的一端旋入有螺纹的被联接件中，称其为旋入

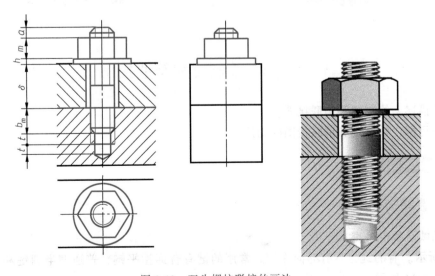

图 8-10   双头螺柱联接的画法

端，再通过通孔在螺柱上套入另一个被联接件，套上垫圈，最后旋紧螺母。

双头螺柱联接图通常采用比例画法绘制各螺纹紧固件。如图 8-10 所示，螺母和垫圈按如图 8-8 所示的画法绘制，双头螺柱的上部与螺栓的画法相同。旋螺母的一端称为紧固端，而旋入端长度 b_m 与被旋入零件的材料有关：对于钢，$b_m = d$；对于铸铁，$b_m = (1.25 \sim 1.5)d$；对于铝合金，$b_m = 2d$。

参数计算公式为 $h = 0.15\ d$，$m = 0.8d$，$a = (0.2 \sim 0.3)d$，$t = 0.5d$。

双头螺柱的长度用公式 $l = \delta + h + m + a$ 计算，再查国家标准取接近值。

3. 螺钉联接

螺钉常用于受力不大而又不需要经常拆卸的联接和定位，有联接螺钉和紧定螺钉之分。联接螺钉由头部和螺钉杆组成，螺钉头部有沉头、盘头、半圆头等多种形状。紧定螺钉前端的形状有锥端、平端和长圆柱端等。被联接零件，一个加工成螺孔，另一个加工成通孔。联接时，螺钉先穿入一个被联接件的通孔中，再将螺钉旋入有螺纹的被联接件中。

螺钉头部的一字槽要倾斜 45° 绘制。联接螺钉的画法如图 8-11 所示。紧定螺钉的画法如图 8-12 所示。

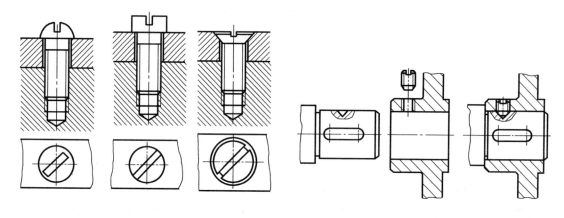

图 8-11　联接螺钉的画法　　　　　　　　图 8-12　紧定螺钉的画法

任务 8.2　绘制键和销联接图

任务描述：绘制键和销联接图。

任务目标：掌握键和销联接图的画法。

【知识链接】

8.2.1　键联接

在机械设备中，键主要用于联接轴和轴上的零件（如齿轮、带轮等）以传递转矩，如图 8-13 所示。有的键也具有导向作用。常用的键有普通型平键，普通型半圆键和钩头型楔键，如图 8-14 所示。

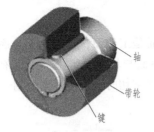

图 8-13 键联接

普通型平键　　普通型半圆键　　钩头型楔键

图 8-14 键的种类

1. 普通型平键

常用的普通型平键（圆头、平头、半圆头）、普通型半圆键、钩头型楔键的形式、图例及标记示例，见表 8-2。

表 8-2　键的形式、图例及标记示例

名称	形式	图　例	标记示例
普通型平键	A 型		$b = 18mm$、$h = 11mm$、$L = 100mm$ 的普通 A 型平键： GB/T 1096　键 18×11×100
	B 型		$b = 18mm$、$h = 11mm$、$L = 100mm$ 的普通 B 型平键： GB/T 1096　键 B18×11×100 （B 不能省略）
	C 型		$b = 18mm$、$h = 11mm$、$L = 100mm$ 的普通 C 型平键： GB/T 1096　键 C18×11×100 （C 不能省略）
普通型半圆键			$b = 6mm$、$h = 10mm$、$D = 25mm$ 的普通型半圆键： GB/T 1099.1　键 6×10×25
钩头型楔键			$b = 18mm$、$h = 11mm$、$L = 100mm$ 的钩头型楔键： GB/T 1565　键 18×100

2. 键联接的画法

（1）普通型平键联接的画法　如图 8-15 所示，平键的两侧面是工作面，键的侧面、底面与键槽的侧面及轴的键槽底面接触，只画一条粗实线；而键的顶面与轮毂上键槽的底面有间隙，要画两条粗实线；剖切平面通过轴线和键的对称平面进行纵向剖切时，键按不剖绘制。

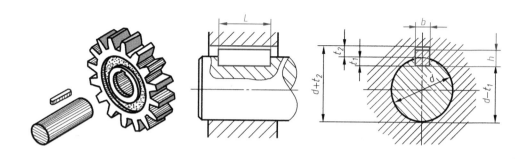

图 8-15　普通型平键联接

（2）半圆键联接的画法　如图 8-16 所示，安装时键的两侧面与键槽侧面紧密接触，画法与普通型平键画法类似。

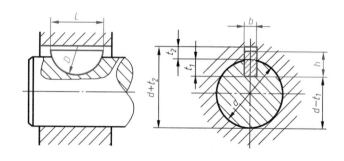

图 8-16　半圆键联接

（3）钩头型楔键联接的画法　键的顶面有 1∶100 的斜度，它靠顶面与底面接触受力面传递转矩。装配时，沿轴向将键打入键槽，因此，其顶面和底面是工作面。绘图时，顶面不留间隙，只画一条粗实线；而两侧面是非工作面，应画两条粗实线，如图 8-17 所示。

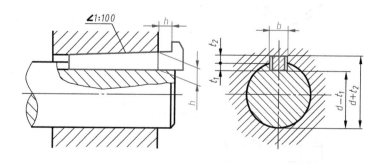

图 8-17　钩头型楔键联接

8.2.2 销联接

常用的销有圆柱销、圆锥销和开口销等。圆柱销和圆锥销在机器中主要起联接和定位的作用；开口销用来防止螺母松动或固定其他零件。销是标准件。

1. 销的规定标记

销的规定标记为：销 国家标准代号 公称直径（规格）×公称长度，标记示例见表8-3。

圆柱销、圆锥销分别有 A 型、B 型，开口销无此项。圆锥销的公称直径指小端直径，开口销的公称规格指开口销孔的直径。

表 8-3 销及标记示例

名称	形式	图 例	标记示例
圆柱销	A 型 B 型		公称直径 $d = 5$mm、公称长度 $l = 20$mm、A 型（普通淬火）圆柱销： 销 GB/T 119.2 5×20
圆锥销	A 型 B 型		公称直径 $d = 10$mm、公称长度 $l = 10$mm、A 型圆柱销： 销 GB/T 117 10×100
开口销			公称规格为 3mm、公称长度 $l = 20$mm 的开口销： 销 GB/T 91 3×20

2. 销联接的画法

圆柱销和圆锥销联接，要求被联接件先装配在一起，再加工销孔，并在零件图上加以注明。销联接的画法如图 8-18 所示。

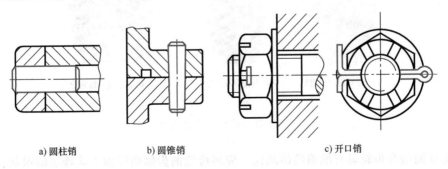

a) 圆柱销   b) 圆锥销   c) 开口销

图 8-18 销联接的画法

任务8.3 绘制齿轮

任务描述：绘制圆柱齿轮、锥齿轮、蜗轮、蜗杆零件图。

任务目标：能够理解圆柱齿轮、锥齿轮、蜗轮、蜗杆各部位的画法，能读懂装配图中的齿轮啮合图。

▶【知识链接】

齿轮是机器和仪器中应用最广泛的零件之一，其作用是传递动力、改变转速或旋转方向，但要成对使用，如图8-19所示。齿轮传动可分为以下三种类型：

圆柱齿轮传动：用于两平行轴之间的传动，如图8-19a所示。

锥齿轮传动：用于两相交轴之间的传动，如图8-19b所示。

蜗杆传动：用于两交叉轴之间的传动，如图8-19c所示。

a) 圆柱齿轮传动　　　　　　b) 锥齿轮传动　　　　　　c) 蜗杆传动

图 8-19　齿轮传动类型

圆柱齿轮按轮齿排列方向的不同，一般有直齿、斜齿和人字齿等，如图8-20所示。

a) 直齿圆柱齿轮　　　b) 斜齿圆柱齿轮　　　c) 人字齿圆柱齿轮

图 8-20　圆柱齿轮的类型

为保证两啮合齿轮具有准确的传动比，应将齿轮的齿廓曲线加工成特定的形状，常用的齿廓曲线有渐开线、摆线、圆弧等，应用最多的是渐开线。

8.3.1 直齿圆柱齿轮的画法

1. 直齿圆柱齿轮各部分名称和尺寸关系

直齿圆柱齿轮各部分名称如图 8-21 所示。

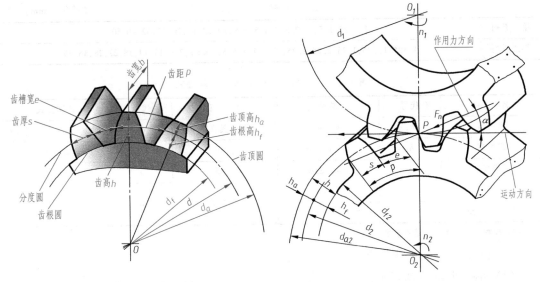

图 8-21 直齿圆柱齿轮各部分名称

（1）齿数 z 齿轮的齿数。

（2）齿顶圆（直径 d_a） 通过齿顶的圆。

（3）齿根圆（直径 d_f） 通过齿根的圆。

（4）分度圆（直径 d） 作为计算轮齿各部分尺寸的基准圆。

（5）节圆 当两齿轮传动时，其齿廓（轮齿在齿顶圆和齿根圆之间的曲线段）在齿轮中心的连心线上的接触点 P 处，两齿轮的圆周速度相等，分别以两齿轮中心到点 P 的距离为半径的两个圆称为相应齿轮的节圆。由此可见，两节圆相切于 P 点（称为节点），节圆直径只有在装配后才能确定。一对标准安装的标准齿轮，其节圆和分度圆重合。

（6）齿顶高（h_a） 分度圆到齿顶圆的径向距离。

（7）齿根高（h_f） 齿根圆到分度圆的径向距离。

（8）齿高（h） 齿顶圆到齿根圆的径向距离。

（9）齿距（p） 在分度圆上，相邻两齿对应点间的弧长。

（10）齿厚（s） 在分度圆上，每一轮齿对应的弧长。

（11）齿槽宽（e） 在分度圆上，每一齿槽对应的弧长。

（12）齿宽（b） 齿轮的有齿部位沿分度圆柱面的直母线方向量度的宽度。

（13）压力角（α） 过齿廓与分度圆的交点 P 的作用力方向与速度方向之间所夹的锐角，亦即该点的径向线方向与该点处的齿廓切线方向所夹的锐角。我国规定标准齿轮的压力角为 20°。

（14）模数（m） 由于 $\pi d = pz$，所以 $d = zp/\pi$，为计算方便，比值 p/π 称为齿轮的模数，即 $m = p/\pi$，所以 $d = mz$。

模数是齿轮设计和制造的一个重要参数。模数越大，轮齿就越大；模数越小，轮齿就越小。加工齿轮的刀具选择以模数为准。模数已标准化，设计齿轮时应采用标准值，模数的标准系列见表8-4。一对正确啮合的齿轮，模数、压力角必须分别相等。根据齿轮的模数 m 和齿数 z，可以计算出齿轮轮齿的其他参数，计算公式见表8-5。

（15）中心距（a）　两圆柱齿轮轴线间的距离。

表8-4　模数的标准系列　　　　　　　　（单位：mm）

第一系列	1,1.25,1.5,2,2.5,3,4,5,6,8,10,12,16,20,25,32,40,50
第二系列	1.125,1.375,1.75,2.25,2.75,3.5,4.5,5.5,(6.5),7,9,11,14,18,22,28,36,45

表8-5　直齿圆柱齿轮的参数计算公式

名　称	代号	计算公式	名　称	代号	计算公式
齿顶高	h_a	$h_a = m$	齿根圆直径	d_f	$d_f = d - 2h_f = m(z-2.5)$
齿根高	h_f	$h_f = 1.25m$	齿距	p	$p = \pi m$
齿高	h	$h = 2.25m$	齿厚	s	$s = \pi m/2$
分度圆直径	d	$d = mz$	中心距	a	$a = (d_1 + d_2)/2$ $= m(z_1 + z_2)/2$
齿顶圆直径	d_a	$d_a = d + 2h_a = m(z+2)$			

注：模数 m、齿数 z 为基本参数。

2. 直齿圆柱齿轮的规定画法

（1）单个齿轮的规定画法　一般用两个视图表示，齿顶圆（齿顶线）用粗实线绘制；分度圆（分度线）用细点画线绘制；在视图中齿根圆（齿根线）用细实线绘制（可省略）；在剖视图中，轮齿按不剖绘制，齿根线用粗实线绘制；齿轮其余部分按其投影绘制，如图8-22所示。

（2）啮合齿轮的规定画法　齿轮啮合画法同单个齿轮的画法类似，如图8-23所示。

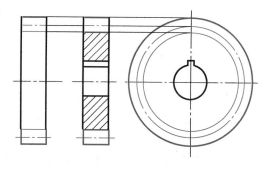

图8-22　单个齿轮的规定画法

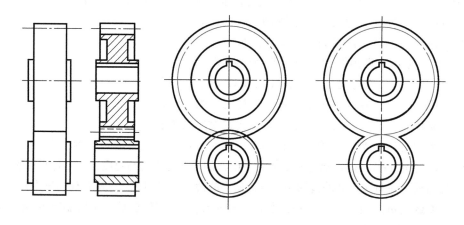

图8-23　啮合齿轮的规定画法

作图时应注意以下四点：

1）两啮合齿轮的分度圆应相切。

2）在垂直于圆柱齿轮轴线的投影面上的视图中，啮合区内齿顶圆用粗实线绘制，也可省略不画。

3）在平行于圆柱齿轮轴线的投影面上的视图中，在啮合区内不画齿顶线，只用粗实线绘制出节线。

4）在平行于圆柱齿轮轴线的投影面上的剖视图中，当剖切面通过圆柱齿轮的轴线时，在啮合区中将一个齿轮的齿顶线用粗实线绘制，另一个齿轮的轮齿被遮挡的部分用细虚线绘制，被遮挡的部分也可以省略不画。

8.3.2 斜齿圆柱齿轮的画法

斜齿圆柱齿轮的画法和直齿圆柱齿轮相同，只是用三条与齿向相同的细实线表示螺旋线的方向。斜齿圆柱齿轮的画法如图 8-24 所示。斜齿圆柱齿轮啮合的画法如图 8-25 所示。

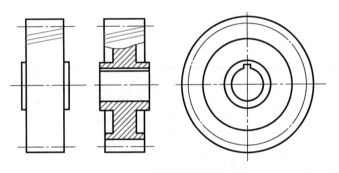

图 8-24 斜齿圆柱齿轮的画法

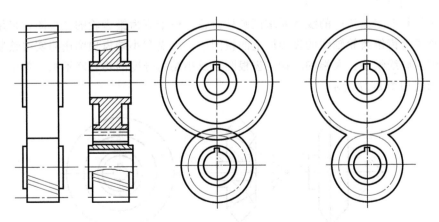

图 8-25 斜齿圆柱齿轮啮合的画法

8.3.3 直齿锥齿轮的画法

1. 直齿锥齿轮

直齿锥齿轮由前锥、顶锥和背锥组成，如图 8-26a 所示，直齿锥齿轮的组成和参数如图

8-26b 所示。由于直齿锥齿轮的轮齿在锥面上，所以齿形和模数沿轴向变化，其大端的法向模数为标准模数，直齿锥齿轮的参数均按大端的法向模数计算。直齿锥齿轮的参数计算公式见表 8-6。

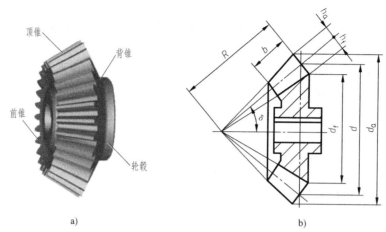

a)　　　　　　　　　　　　　　　　b)

图 8-26　直齿锥齿轮

表 8-6　直齿锥齿轮的参数计算公式

名　称	代号	计算公式	名　称	代号	计算公式
齿顶高	h_a	$h_a = m$	齿顶圆直径	d_a	$d_a = m(z + 2\cos\delta)$
齿根高	h_f	$h_f = 1.2m$	齿根圆直径	d_f	$d_f = m(z - 2.4\cos\delta)$
齿高	h	$h = 2.2m$	中心距	a	$a = (d_1 + d_2)/2$
分度圆直径	d	$d = mz$			

注：模数 m、齿数 z、分锥角 δ 为基本参数。

2. 单个直齿锥齿轮的规定画法

直齿锥齿轮规定画法中的线型要求同圆柱齿轮。单个直齿锥齿轮的主视图常采用全剖视图，在垂直于直齿锥齿轮轴线的投影面上的视图中，大端和小端齿顶圆用粗实线绘制；大端分度圆用细点画线绘制；大端和小端的齿根圆以及小端的分度圆均省略不画。单个直齿锥齿轮的规定画法如图 8-27 所示。

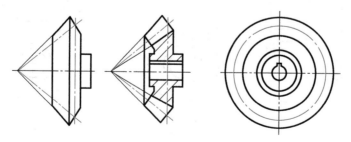

图 8-27　单个直齿锥齿轮的规定画法

3. 啮合直齿锥齿轮的规定画法

啮合直齿锥齿轮的主视图常采用全剖视图，在啮合区内，两个锥齿轮的分度线重合，用一条细点画线绘制；将其中一个齿轮的齿顶线用粗实线绘制，另一个齿轮的齿顶线用细虚线绘制，也可省略不画；左视图的外形用视图绘制，如图 8-28 所示。

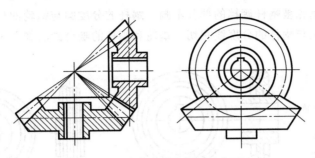

图 8-28　啮合直齿锥齿轮的规定画法

8.3.4　蜗杆传动的画法

蜗杆传动是用于两交叉轴之间的传动。蜗杆是主动件，蜗轮是从动件。蜗杆的齿数 z 即为蜗杆的头数，等于蜗杆上的螺纹线数。

1. 蜗杆和蜗轮的规定画法

蜗杆、蜗轮的画法与圆柱齿轮的画法基本相同。如图 8-29 所示，蜗杆的主视图用局部剖视图表示轮齿，齿顶圆（齿顶线）用粗实线绘制，分度圆（分度线）用细点画线绘制，齿根圆（齿根线）用细实线绘制，也可省略不画。

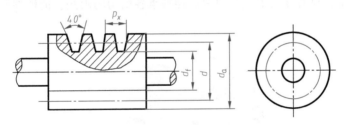

图 8-29　蜗杆的画法

如图 8-30 所示，蜗轮的主视图常采用全剖视图，在圆的视图中只画分度圆和最外圆，不画齿顶圆和齿根圆。

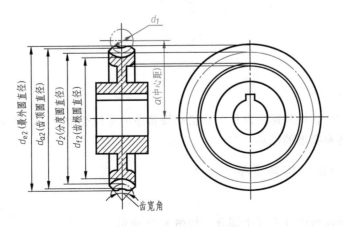

图 8-30　蜗轮的规定画法

2. 蜗轮和蜗杆的啮合画法

在主视图中，蜗轮被蜗杆遮挡的部分不画，蜗杆的分度圆与蜗轮的分度线重合；在左视图中，蜗轮的分度圆与蜗杆的分度线相切。蜗轮和蜗杆的啮合画法如图 8-31 所示。

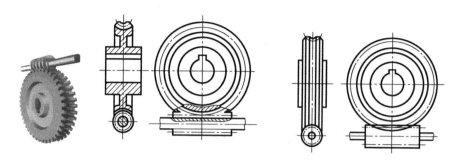

图 8-31　蜗轮和蜗杆的啮合画法

任务 8.4　绘制滚动轴承

　　任务描述：绘制如图 8-32 所示的滚动轴承。

　　任务目标：在绘制的过程中，能理解滚动轴承各结构的画法，能够在装配图中识读滚动轴承。

滚动轴承

图 8-32　滚动轴承

【知识链接】

　　滚动轴承是支承转轴的标准部件，在机械设备中的应用非常广泛。我国各地的轴承厂均按国家标准生产各种类型的轴承。

8.4.1　滚动轴承的结构和类型

1. 结构

滚动轴承按结构可以分为四个部分，如图 8-33 所示。

1）外圈。装在机体或轴承座内，一般是固定不动的。

2）内圈。装在转轴上，与轴一起转动。

3）滚动体。装在内、外圈之间的滚道中，有滚珠、滚柱和滚锥等类型。

4）保持架。用于均匀分隔滚动体。

2. 类型

按滚动轴承承受载荷方向的不同，可将滚动轴承分为向心轴承和推力轴承两大类型，如图 8-34 所示。

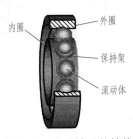

图 8-33 滚动轴承的结构

向心轴承 推力轴承 角接触向心
（径向接触轴承） （轴向接触轴承） 轴承

图 8-34 滚动轴承类型

1）向心轴承。主要承受径向载荷，其公称接触角为 $0° \leqslant \alpha \leqslant 45°$。按公称接触角的不同，又分为径向接触轴承和角接触向心轴承。

2）推力轴承。主要承受轴向载荷，其公称接触角为 $45° < \alpha \leqslant 90°$。按公称接触角的不同，又分为轴向接触轴承和角接触推力轴承。

8.4.2 滚动轴承的画法

国家标准对滚动轴承的画法做了统一规定，有通用画法、特征画法和规定画法。

1. 通用画法

在剖视图中，当不需要确切地表示滚动轴承的外形轮廓、结构特征时，可用矩形线框和位于线框中央正立的十字形符号表示，矩形线框和位于线框中央正立的十字形符号都用粗实线绘制，尺寸比例如图 8-35 所示。

2. 特征画法和规定画法

如需形象地表示滚动轴承的结构特征时，可用特征画法；还可采用规定画法，即在轴的一侧用剖视图绘制，内、外圈的剖面线方向、间隔应一致，滚动体不画剖面线，在轴的另一侧用通用画法绘制，见表 8-7。

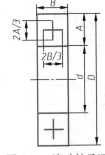

图 8-35 滚动轴承通用画法的尺寸比例

8.4.3 滚动轴承代号

滚动轴承的代号由基本代号、前置代号和后置代号三部分组成。代号的排列顺序为：前置代号、基本代号、后置代号。

表 8-7　各种类型滚动轴承的画法

立体图	特征画法	规定画法	装配画法
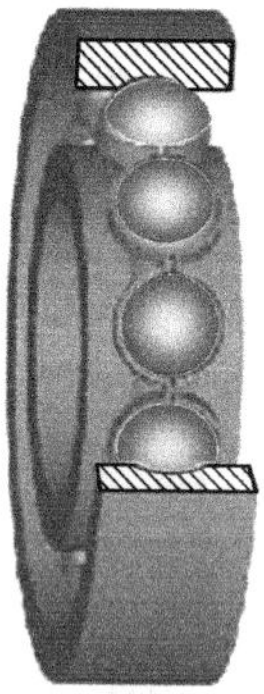	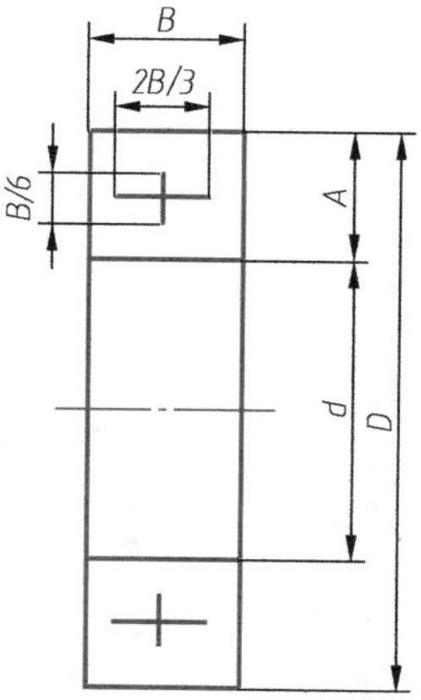	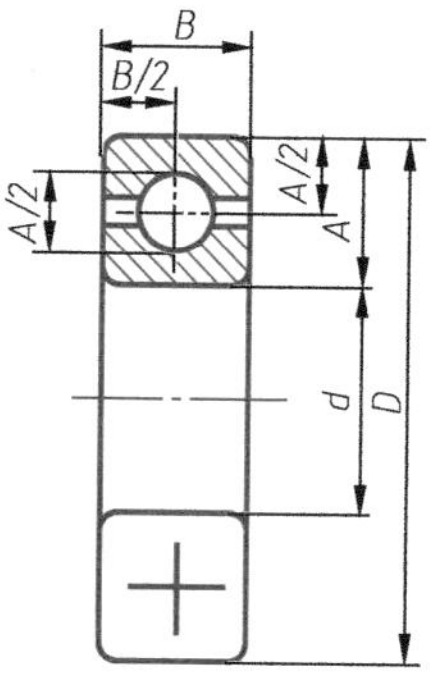	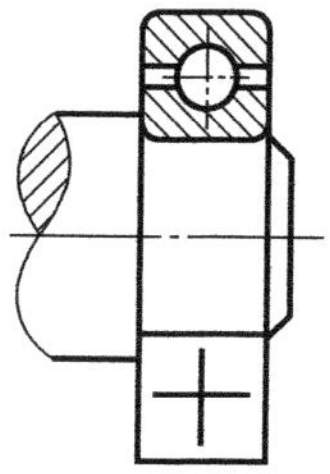
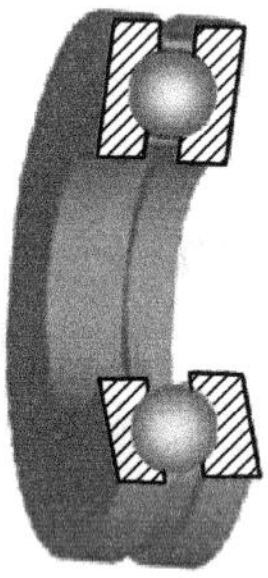	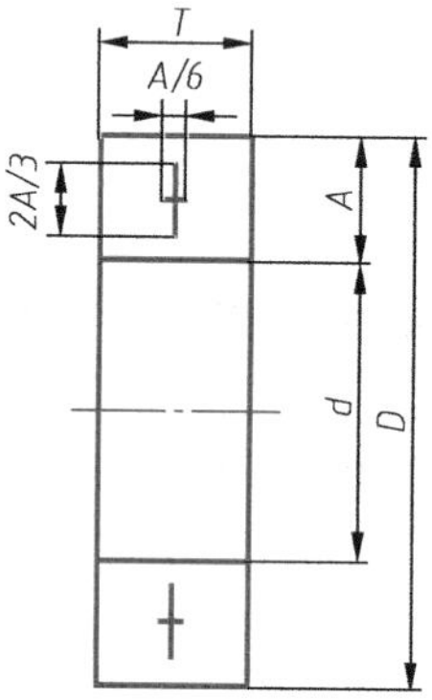	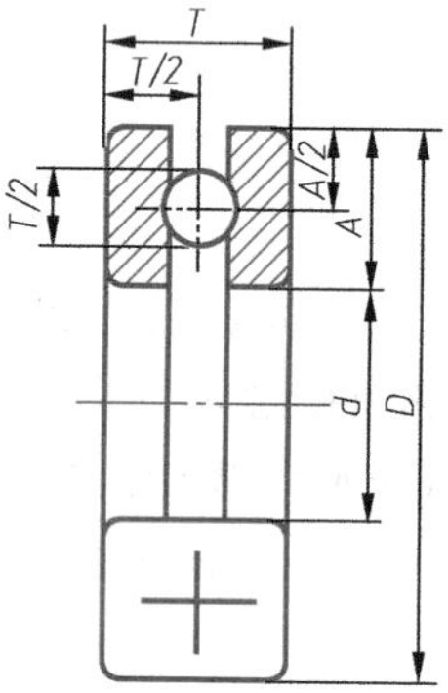	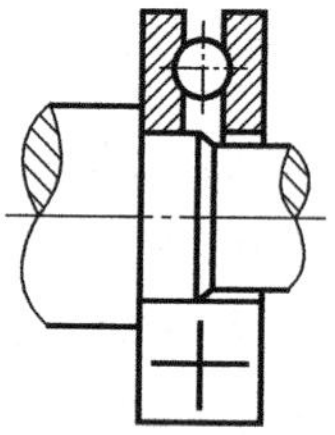
	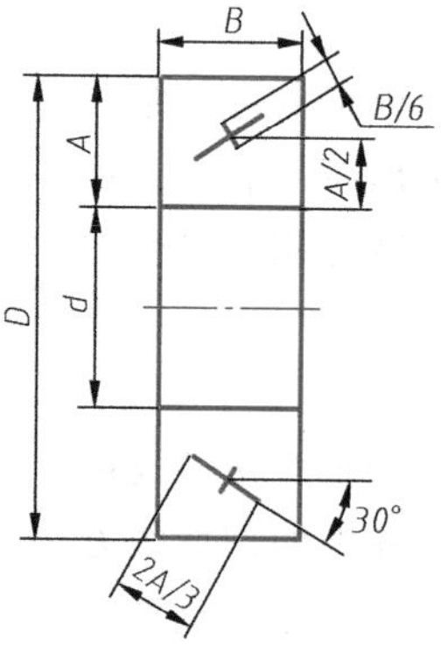	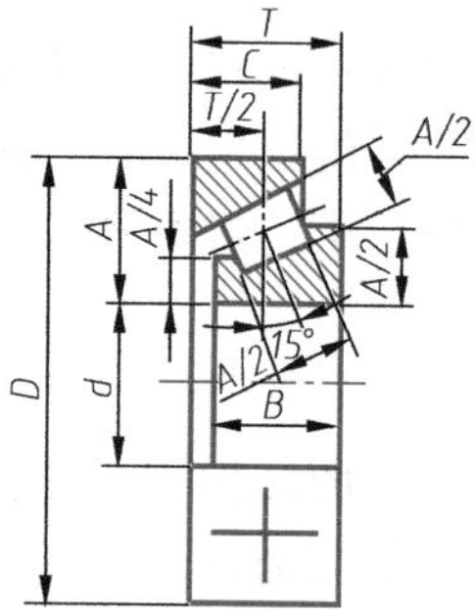	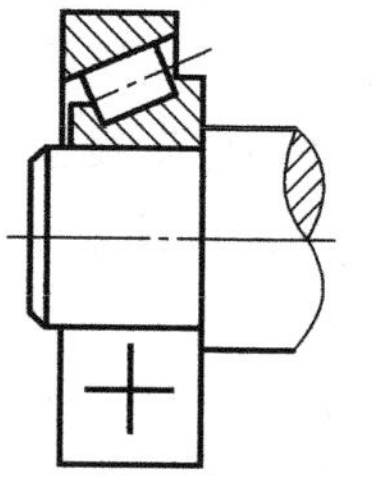

1. 基本代号

基本代号表示滚动轴承的基本类型、结构和尺寸，是滚动轴承代号的基础。基本代号由轴承的类型代号、尺寸系列代号和内径代号构成。

（1）轴承的类型代号　轴承的类型代号用数字或字母表示，见表 8-8。

表 8-8　轴承的类型代号

代号	轴承类型	代号	轴承类型
0	双列角接触球轴承	6	深沟球轴承
1	调心球轴承	7	角接触球轴承
2	调心滚子轴承和推力调心滚子轴承	8	推力圆柱滚子轴承
3	圆锥滚子轴承	N	圆柱滚子轴承
4	双列深沟球轴承	NN	双列或多列圆柱滚子轴承
5	推力球轴承	U	外球面球轴承

（2）尺寸系列代号　尺寸系列代号由滚动轴承的宽（高）度系列代号和直径系列代号组合而成，见表 8-9。

表 8-9　尺寸系列代号

直径系列代号	向心轴承								推力轴承			
	宽度系列代号								高度系列代号			
	8	0	1	2	3	4	5	6	7	9	1	2
	尺寸系列代号											
7	—	—	17	—	37	—	—	—	—	—	—	—
8	—	08	18	28	38	48	58	68	—	—	—	—
9	—	09	19	29	39	49	59	69	—	—	—	—
0	—	00	10	20	30	40	50	60	70	90	10	—
1	—	01	11	21	31	41	51	61	71	91	11	—
2	82	02	12	22	32	42	52	62	72	92	12	22
3	83	03	13	23	33	—	—	—	73	93	13	23
4	—	04	14	24	—	—	—	—	74	94	14	24
5	—	—	—	—	—	—	—	—	—	95	—	—

（3）内径代号　内径代号用数字表示，见表 8-10。

表 8-10　内径代号

轴承公称内径适用范围/mm	内径代号	公称内径/mm	示例
10~17	00	10	6201 $d=12mm$
	01	12	
	02	15	
	03	17	
20~480（22、28、32 除外）	04~96	公称内径等于内径代号乘以 5	22307 $d=7mm×5=35mm$
≥500 以及 22、28、32	用公称内径毫米数直接表示，与尺寸系列代号之间用"/"分开	公称内径=内径代号	230/500 $d=500mm$
0.6~10（非整数）	用公称内径毫米数直接表示，与尺寸系列代号之间用"/"分开	公称内径=内径代号	618/2.5 $d=2.5mm$
1~9（整数）	用公称内径毫米数直接表示，对深沟球轴承及角接触球轴承 7、8、9 直径系列，内径与尺寸系列代号之间用"/"分开	公称内径=内径代号	625 618/5 $d=5mm$

2. 前置代号和后置代号

前置代号和后置代号是轴承的结构形状、尺寸、公差和技术要求等有改变时，在其基本代号左右添加的补充代号。前置代号用字母表示，后置代号用字母（或加数字）表示。相关规定可参看标准 GB/T 272—2017《滚动轴承　代号方法》。

任务8.5　绘制弹簧

任务描述：绘制螺旋压缩弹簧并在装配图中识读弹簧图。

任务目标：掌握弹簧的画法；了解弹簧的各参数。

【知识链接】

弹簧是机械、电气设备中常用的零件，即使在生活中我们也会接触到各种弹簧。弹簧的种类较多，常用的有螺旋弹簧，涡卷弹簧，板弹簧，其中螺旋弹簧又有压缩弹簧、拉伸弹簧、扭转弹簧，如图 8-36 所示。弹簧的作用各有不同，可用于缓冲、减振、夹紧、测力以及储存能量等。

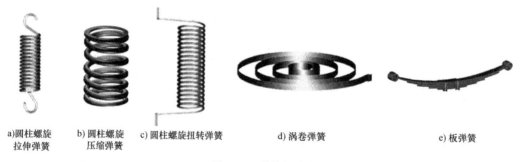

a)圆柱螺旋拉伸弹簧　b) 圆柱螺旋压缩弹簧　c) 圆柱螺旋扭转弹簧　d) 涡卷弹簧　e) 板弹簧

图 8-36　弹簧的种类

8.5.1　圆柱螺旋压缩弹簧各参数

圆柱螺旋压缩弹簧各参数如图 8-37 所示。

1. 弹簧的直径

（1）材料直径（线径）d　制造弹簧用的钢丝直径。

（2）弹簧外径 D_2　弹簧外圈直径。

（3）弹簧内径 D_1　弹簧内圈直径。

（4）弹簧中径 D　弹簧外径和内径的平均值。

2. 弹簧的圈数

（1）有效圈数 n　用于计算弹簧总变形量的簧圈数量。

（2）支承圈 n_z　弹簧端部用于支承或固定的圈数。

（3）总圈数 n_1　有效圈数 n 和支承圈 n_z 之和。

3. 弹簧的其他参数

（1）节距 t　相邻两有效圈数上对应点间的轴向距离。

（2）自由高度 H_0　弹簧在不受载荷作用时的高度，

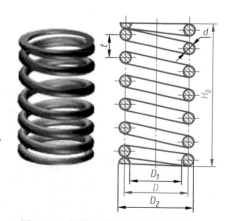

图 8-37　圆柱螺旋压缩弹簧各参数

$H_0 = nt + (n_z - 0.5)d$。

（3）展开长度 L　弹簧的金属丝长度。

（4）旋向　旋向分为左旋和右旋两种。

8.5.2　圆柱螺旋压缩弹簧的规定画法

1. 国家标准对圆柱螺旋压缩弹簧的画法规定

1）在平行于圆柱螺旋压缩弹簧的轴线的投影面上的视图中，将各圈的轮廓线简化为直线。

2）有效圈数在 4 圈以上的圆柱螺旋压缩弹簧，可每端只画 1~2 圈（支承圈除外，其余中间部分省略不画，而用通过弹簧丝中心的两条细点画线表示）。

3）左旋弹簧也可画成右旋，但应注写"左"字。

4）圆柱螺旋压缩弹簧如要求两端并紧且磨平，支承圈可按实际结构绘制，也可画成 2.5 圈。圆柱螺旋压缩弹簧的画图步骤如图 8-38 所示。

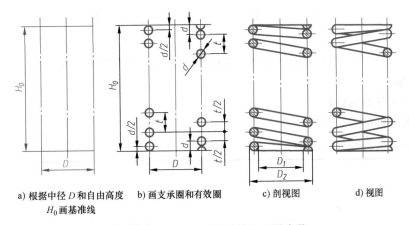

a) 根据中径 D 和自由高度　　b) 画支承圈和有效圈　　c) 剖视图　　d) 视图
H_0 画基准线

图 8-38　圆柱螺旋压缩弹簧的画图步骤

2. 圆柱螺旋压缩弹簧在装配图中的规定画法

在装配图中，被弹簧挡住的结构一般不画，可见部分应从弹簧的外轮廓线或从弹簧丝剖面的中心线画起，如图 8-39a 所示；当弹簧丝直径在图上等于或小于 2mm 时，弹簧丝剖面可全部涂黑，轮廓线不画。弹簧丝直径小于 1mm 时，可采用示意画法，如图 8-39b 所示。

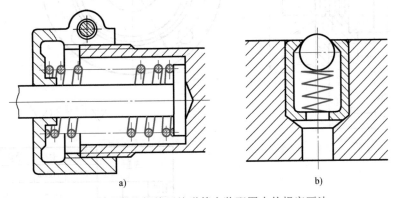

a)　　　　　　　　　　　b)

图 8-39　圆柱螺旋压缩弹簧在装配图中的规定画法

项目9

识读零件图

所有的机器和部件都是由若干零件按照一定的装配关系和使用要求装配而成的，零件是组成机器的最小单元。在机械制图中，用零件图来表达零件。零件图是最重要的技术资料，是制造和检验零件的依据，是指导生产机器零件的重要技术文件之一。

任务 9.1 识读透盖的零件图

任务描述：分析如图 9-1 所示透盖的零件图，认识零件图的内容及作用。

任务目标：

1）熟悉零件图的内容。

2）掌握零件的工艺结构。

3）掌握盘盖类零件的读图方法。

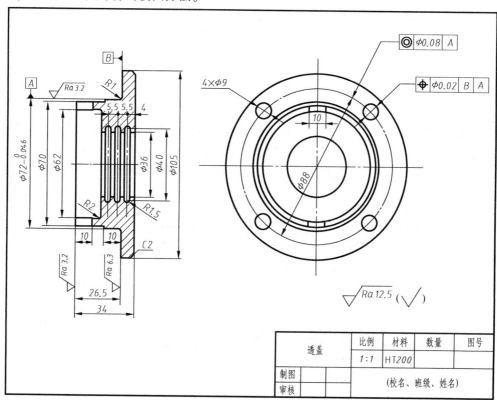

图 9-1 透盖的零件图

【知识链接】

9.1.1　零件图的作用

零件设计的合理与否及加工制造质量好坏，必然影响零件的使用效果，甚至整台机器的性能。零件图是用于表达单个零件的图样。零件图要准确地反映设计思想并提出相应的零件质量要求，是指导生产机器零件的重要技术文件之一。

在零件制造过程中，零件图是最重要的技术资料，是制造和检验零件的依据。

9.1.2　零件图的内容

零件图的内容包括一组视图、全部尺寸、技术要求和标题栏，如图9-1所示。

（1）一组视图　用一组恰当的视图、剖视图、断面图和局部放大图等表达方法，完整、清晰地表达出零件的结构和形状。

（2）全部尺寸　正确、完整、清晰、合理地标注出组成零件各形体的大小及其相对位置的尺寸，即提供制造和检验零件所需的全部尺寸。

（3）技术要求　用规定的符号、数字和文字简明地表示出制造和检验零件时在技术上应达到的要求。

（4）标题栏　绘制在零件图右下角，内容包括零件的名称、数量、材料、比例、图号以及设计、制图、审核人员的签名和绘图日期。

9.1.3　视图的表达及选择

零件的表达方案是用若干个图形（视图、剖视图、断面图等）把零件的内、外结构形状表达出来。一般来说，零件的表达方案不止一个，这就要求对零件进行分析，并结合零件的加工和使用，选择一个较好的表达方案，把零件完整、清晰、合理地表达出来，并力求画图简便，读图容易。

按零件在机器中的作用不同，一般把零件分为四类。对于不同种类的零件，表达方案也不同，标注尺寸形式也不同。

1. 轴套类零件

轴套类零件在工作中常起着支承或传递动力的作用。这类零件的主要结构由直径大小各异的圆柱、圆锥共轴线组成，局部结构有倒角、倒圆、键槽、退刀槽、中心孔和螺孔等，常选择主视图、局部剖视图、断面图及局部放大图等表示，如图9-2所示。画图时，将零件的轴线水平放置，便于加工时读图和看尺寸。零件上的一些细部结构，通常采用断面图、局部剖视图、局部放大图等表示。由于轴上零件的固定及定位要求，其形状为阶梯形，并有键槽。主视图的选择，采用加工位置原则。

2. 盘盖类零件

盘盖类零件的结构特点是轴向尺寸小而径向尺寸大，零件的主体多由共轴回转体构成，也有的主体形状是矩形，并在径向分布有凸台、凹槽、键槽、轮辐、螺孔或光孔、销孔等。这类零件主要是在车床和磨床上加工，主视图也按加工位置选择。画图时，将零件的轴线水平放置，采用轴向全剖视图或半剖视图，再配以左视图，必要时采用局部剖视图和局部放大图等表达细小结构。如图9-3所示，主视图的选择采用加工位置原则，将轴线水平放置，并

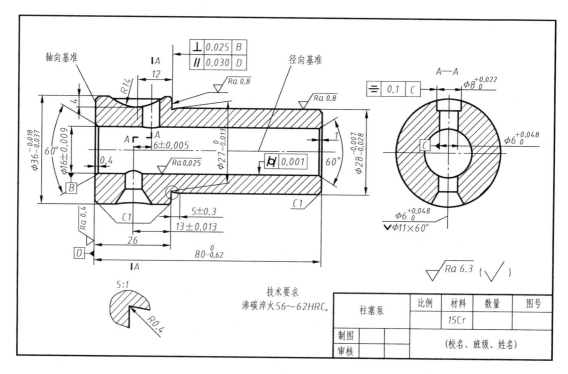

图 9-2 轴套类零件图

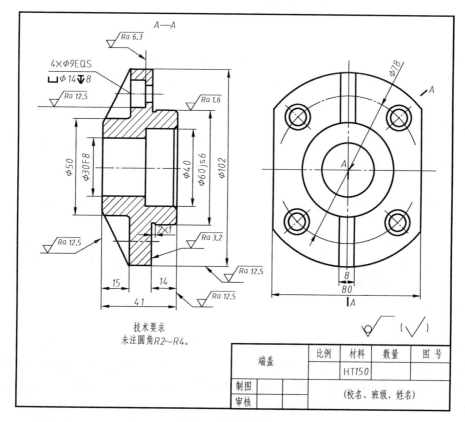

图 9-3 盘盖类零件图

采用全剖视图，左视图采用视图表达孔的分布情况。

3. 叉架类零件图

叉架类零件一般形状比较复杂，大多是铸件或锻件，尺寸变化部位较多，肋板及凸块等也较多，因此叉架类零件常常需要两个或两个以上的基本视图，并且要用局部视图、局部剖视图、断面图等表达零件的细部结构。

当零件有多个加工位置且加工位置难分主次时，零件图的主视图应尽量使零件的安放位置与其工作位置相同，以便与装配图对照，这就是工作位置原则。叉架类零件选择主视图时，主要考虑工作位置和形状特征原则。如图 9-4 所示，主视图采用工作位置原则，为了表达零件耳板，采用 B 向局部视图；肋板则采用移出断面图表达其截面形状；左视图采用局部剖视图表达了上部孔的结构。

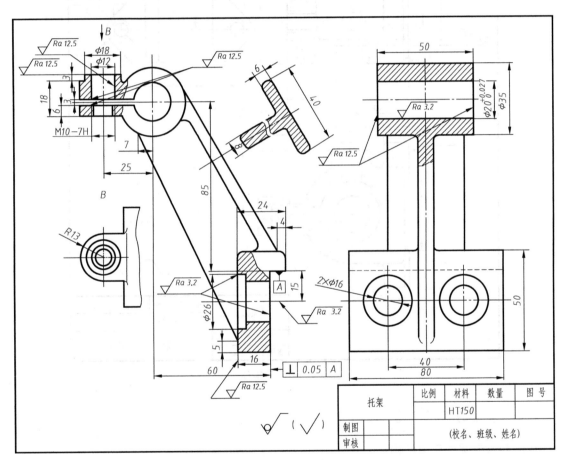

图 9-4　叉架类零件图

4. 箱体类零件

箱体类零件多为铸件。绘制零件图时，首先考虑读图方便。箱体类零件通常采用三个或三个以上的基本视图，根据具体结构特点，选用半剖、全剖或局部剖视图，辅以断面图、斜视图和局部视图等。选择原则如下：零件以工作位置或自然安放位置摆放，以最能反映零件各部分形状特征及相对位置的方向作为主视图的投射方向。主视图确定以后，根据零件的具体情况，合理、恰当选择其他视图，在完整、清晰地表达零件的内、外结构形状的前提下，应尽量减少视图数量。

　　如图9-5所示，主视图采用了全剖视图，俯视图采用了局部剖视图，左视图采用了视图的表达方式，将内、外结构全部表达清楚了。

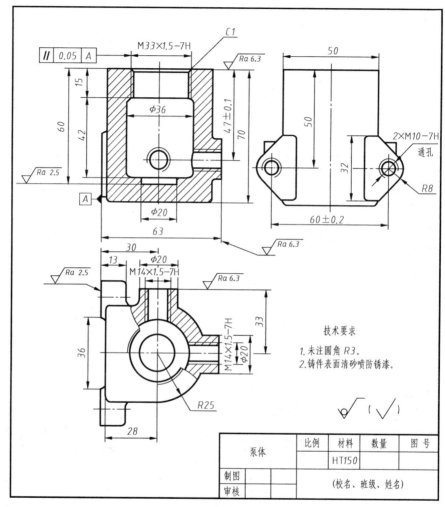

图 9-5　箱体类零件图

9.1.4　常见的工艺结构

1. 铸件常见的工艺结构

（1）起模斜度　铸件在造型时为了便于取出木模，沿起模方向的表面做出 1:20 的起模斜度（≈3°），浇注后这一斜度留在铸件表面，称为起模斜度，如图9-6所示。

（2）铸造圆角　铸件表面连接或转弯处的过渡圆角称为铸造圆角，其作用有：便于起模；防止浇注金属液时冲坏砂型；防止铸件冷却时产生缩孔或裂纹；防止起模时砂型落砂，如图9-7所示。

　　铸造圆角的半径必须与铸件的壁厚相适应，壁厚大则半径也大，一般铸造圆角半径为 $2\sim5$mm。铸造圆角的半径尺寸集中标注在技术要求中，如"未注铸造圆角 R3~R5"。

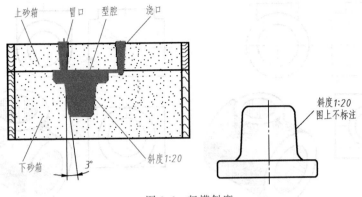

图 9-6　起模斜度

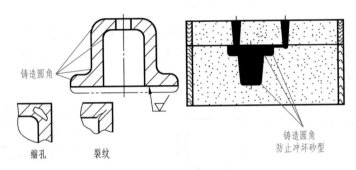

图 9-7　铸造圆角

（3）**铸件壁厚**　为防止铸件冷却时产生缩孔或裂纹，铸件壁厚应保持大致相等或逐渐变化，如图 9-8 所示。

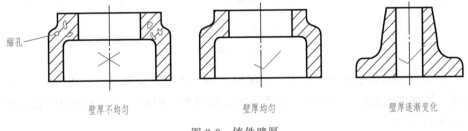

图 9-8　铸件壁厚

（4）**过渡线**　两个非切削表面相交处一般都做成圆角过渡。所以两表面的交线就变得不明显，这种交线称为过渡线。当过渡线的投影和面的投影重合时，按面的投影绘制；当过渡线的投影不与面的投影重合时，过渡线按其理论交线的投影绘出，但线的两端要与其他轮廓线断开。

如图 9-9 所示，两外圆柱表面均为非切削表面，相贯线为过渡线。在俯视图和左视图中，过渡线与柱面的投影重合，而在主视图中，相贯线的投影不与任何表面的投影重合，所以，相贯线的两端与轮廓线断开。当两个柱面直径相等时，在相切处也应该断开。

2. **零件机械加工的工艺结构**

（1）**倒角和圆角**　为了去除零件加工表面的毛刺、锐边和便于装配，在轴或孔的端部

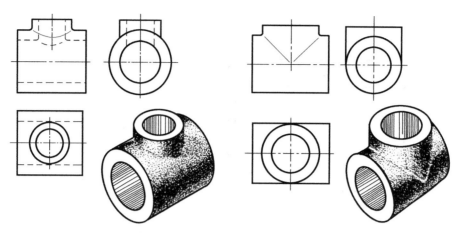

图 9-9　两曲面相交的过渡线的画法

一般加工出与水平方向成 45°的倒角，一般标注为 $C1$ 或 $C2$，数值表示倒角的宽度，或加工成 30°、60°的倒角。为了避免阶梯轴轴肩的根部因应力集中而产生裂纹，在轴肩处加工成圆角过渡，称为倒圆，如图 9-10 所示。

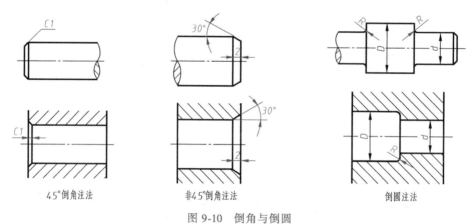

图 9-10　倒角与倒圆

（2）退刀槽和砂轮越程槽　在零件切削加工中（特别是在车螺纹和磨削中），为了便于退出刀具或使被加工表面完全加工，常常在零件的待加工面的末端加工出退刀槽或砂轮越程槽，如图 9-11 所示。

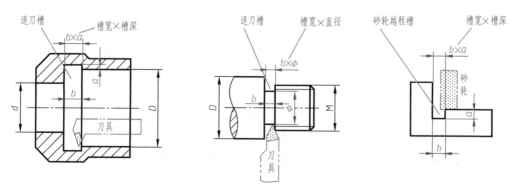

图 9-11　退刀槽和砂轮越程槽

（3）钻孔结构　用钻头钻不通孔时，在底部有一个120°的锥角。钻孔深度指的是圆柱部分的深度，不包括锥角。在阶梯形钻孔的过渡处，也存在锥角为120°的圆台，如图9-12所示。对于斜孔、曲面上的孔，为使钻头与钻孔端面垂直，应制出与钻头垂直的凸台或凹坑，如图9-13所示。

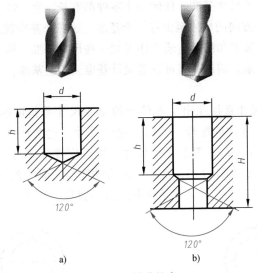

图 9-12　钻孔锥角

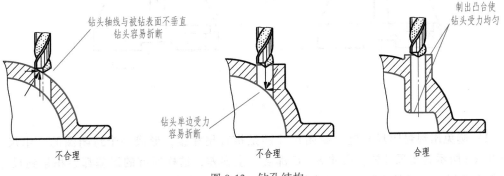

图 9-13　钻孔结构

（4）凸台与凹坑等结构　为使配合面接触良好，并减少切削加工面积，应将接触部位制成凸台与凹坑等结构，如图9-14所示。

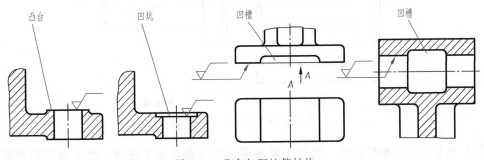

图 9-14　凸台与凹坑等结构

9.1.5　零件图的尺寸标注

1. 正确选择尺寸基准

尺寸基准是零件在设计加工和测量时计量尺寸的起点。尺寸基准分为设计基准和工艺基准，点、线、面都可以作为尺寸基准。任何一个零件都有长、宽、高三个方向（或轴向、径向两个方向）的尺寸，每个方向的尺寸至少有一个基准，这三个基准就是主要基准。主要基准一般为设计基准。为了便于加工和测量，通常还附加一些尺寸基准，称为辅助基准。辅助基准必须有尺寸与主要基准相联系。辅助基准可以是设计基准或工艺基准，一般为工艺基准。

2. 标注尺寸的原则

（1）零件上的重要尺寸直接注出　零件上的重要尺寸是指影响产品工作性能、工作精度和相对位置的尺寸，如零件的配合、安装、定位尺寸，这些尺寸应直接注出，如图 9-15a 所示。图 9-15a 中的尺寸 c、d、e 都是重要尺寸，所以应直接注出。如果这些尺寸由间接计算得到，会造成累积误差，如图 9-15b 所示，圆筒轴线与底面的距离是由尺寸 c 和 d 的和确定的，就会造成累积误差。非重要尺寸是指非配合的直径、长度、外轮廓尺寸等。

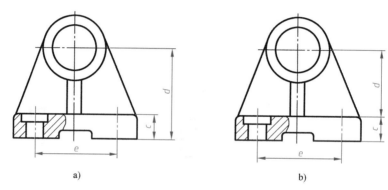

图 9-15　重要尺寸直接注出

（2）避免出现封闭尺寸链　封闭尺寸链是指首尾相接，形成一个封闭圈的一组尺寸。如图 9-16a 所示封闭尺寸链，尺寸 B、C 都会产生误差，这样所有的误差都会积累到尺寸 A 上，就不能保证 A 的精度要求。正确的标注如图 9-16b 所示，将不重要的尺寸 B 去掉。

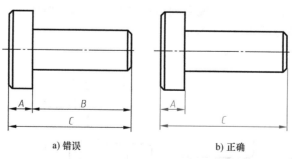

图 9-16　避免出现封闭尺寸链

（3）按加工顺序标注尺寸　按加工顺序标注尺寸符合加工过程，便于加工和测量，从而可保证工艺要求。轴套类零件的一般尺寸或零件阶梯孔等都按加工顺序标注尺寸，如图

9-17 所示。

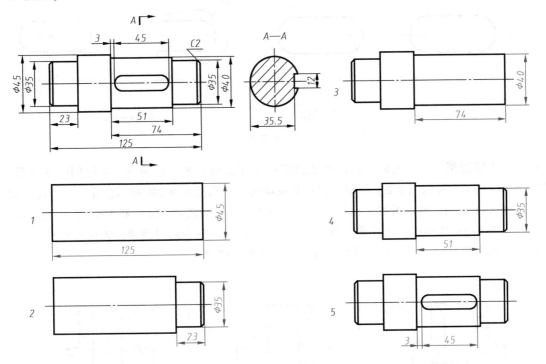

图 9-17　尺寸标注应尽量符合加工顺序

（4）考虑测量方便　在没有结构或其他特殊要求时，标注尺寸应考虑测量和检验的方便，同时尽量做到使用普通量具就能测量，以减少专用量具的设计和制造，如图 9-18 所示。

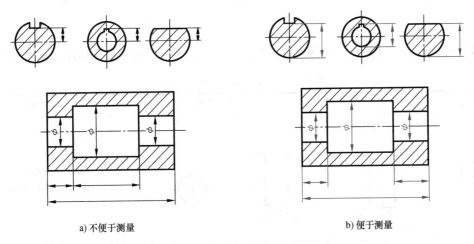

a) 不便于测量　　　　　　　　　　　　　　b) 便于测量

图 9-18　尺寸标注应便于测量

（5）长孔和凸台的标注　机件上的长孔和凸台，由于作用和加工方法不同，而有不同的尺寸注法，如图 9-19 所示。

（6）注意考虑非加工面与加工面之间的尺寸联系　在铸造或锻造零件上标注尺寸时，应注意同一方向上的加工面只应有一个以非加工面作为基准标注的尺寸。如图 9-20a 所示壳

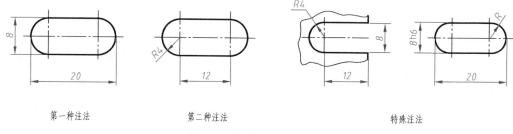

第一种注法	第二种注法	特殊注法

图 9-19　长孔和凸台的标注

体，图中所指两个非加工面，已由铸造或锻造工序完成。加工底面时，不能同时保证尺寸 8mm 和 21mm，所以图 9-20a 所示的注法是错误的。如果按图 9-20b 所示标注，加工底面时，先保证尺寸 8mm，然后再加工顶面，显然也不能同时保证尺寸 35mm 和 14mm，这种注法也不行。图 9-20c 所示的注法正确，因为尺寸 13mm 已由毛坯制造时完成，先按尺寸 8mm 加工底面，然后按尺寸 35mm 加工顶面，所以能保证加工要求。

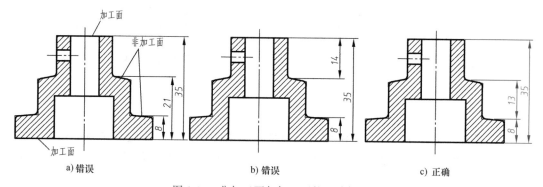

a) 错误　　　　　　　　　b) 错误　　　　　　　　　c) 正确

图 9-20　非加工面与加工面的尺寸标注

（7）常见孔的尺寸标注　按国家标准规定，零件上常见的孔可简化标注，见表 9-1。

表 9-1　零件上常见孔的简化标注

结构类型		一般注法	简化注法	说明
光孔	圆柱孔	3×φ6 10	3×φ6▽10 3×φ6▽10	表示 3 个孔的直径均为 φ6mm，孔深为 10mm
	锥销孔	锥销孔φ10 配作	锥销孔φ10 配作 锥销孔φ10 配作	φ10mm 为与锥销孔相配的圆锥销小头直径（公称直径），锥销孔通常是相邻两零件装在一起时加工的

（续）

结构类型		一般注法	简化注法	说明
沉孔	锥形沉孔	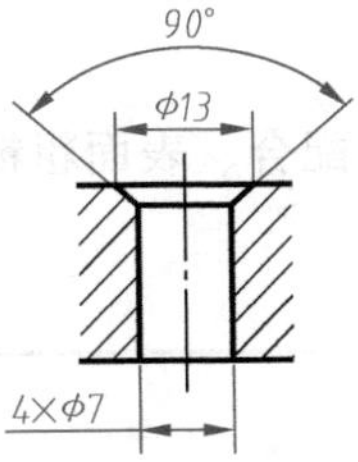 90° φ13 4×φ7	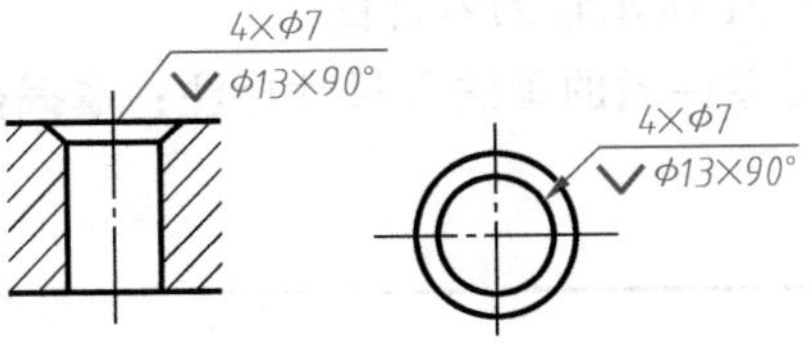 4×φ7 ∨φ13×90° 4×φ7 ∨φ13×90°	表示 4 个孔的直径均为 φ7mm,锥形部分大端直径 为 φ13mm,锥角为 90°
	柱形沉孔	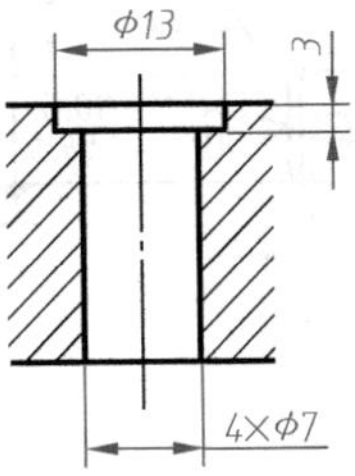 φ13 3 4×φ7	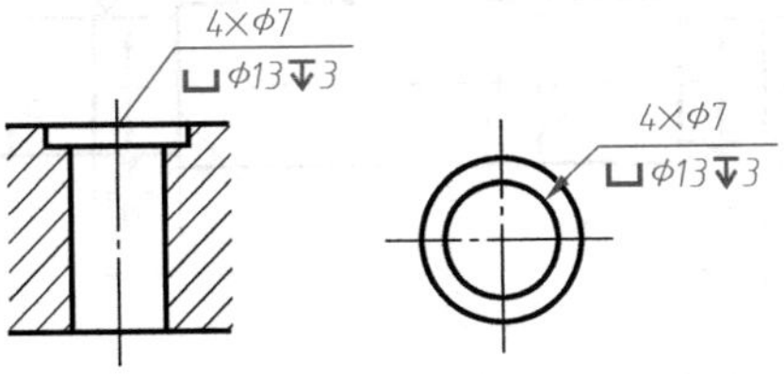 4×φ7 ⊔φ13▽3 4×φ7 ⊔φ13▽3	4 个柱形沉孔的小孔直 径为 φ7mm,大孔直径为 φ13mm,沉孔深度为 3mm
	锪平面孔	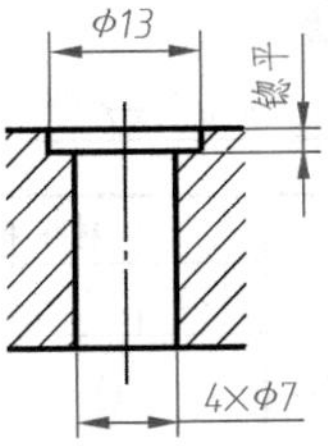 φ13 锪平 4×φ7	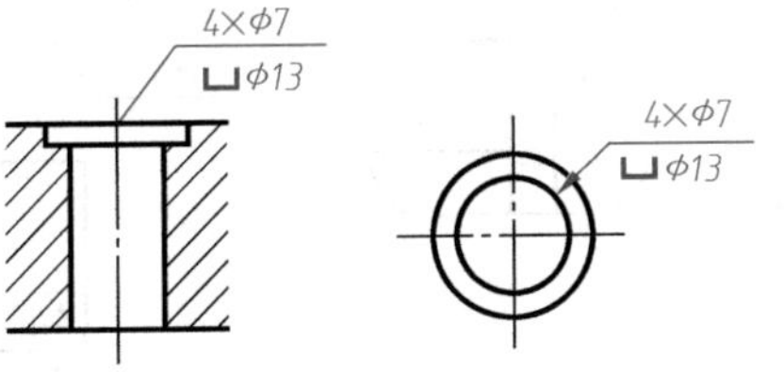 4×φ7 ⊔φ13 4×φ7 ⊔φ13	锪平面 φ13mm 的深度 不需标注,加工时一般锪 平到不出现毛面为止
螺孔	通孔	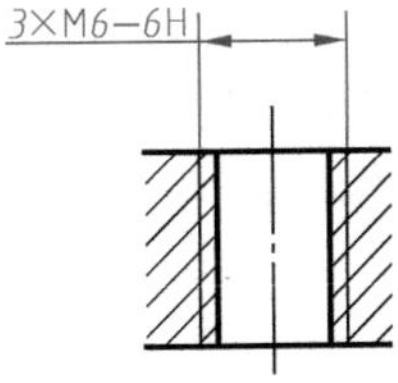 3×M6-6H	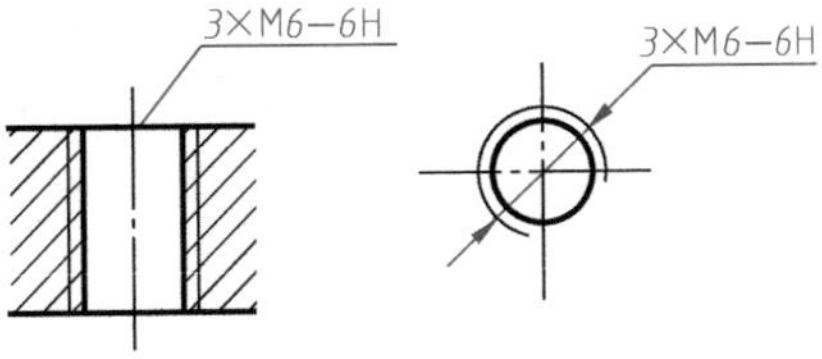 3×M6-6H 3×M6-6H	表示 3 个公称直径为 6mm,螺纹中径、顶径公差 带为 6H 的螺孔
	不通孔	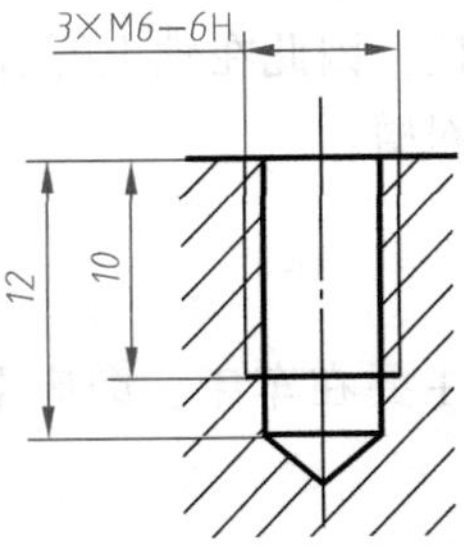 3×M6-6H 12 10	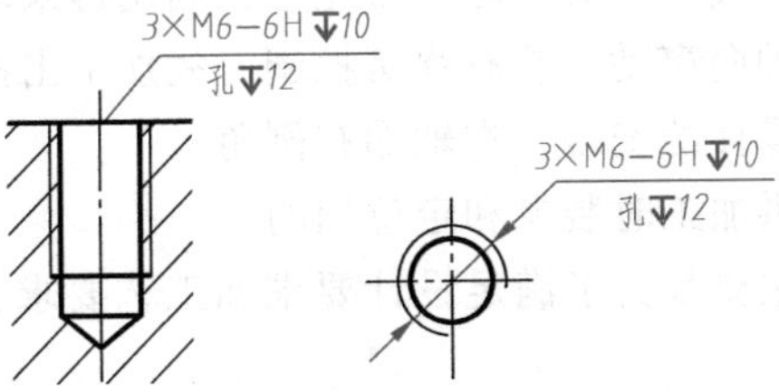 3×M6-6H▽10 孔▽12 3×M6-6H▽10 孔▽12	表示螺孔的有效深度为 10mm,钻孔深度为 12mm

任务9.2　识读轴的零件图

任务描述：识读图 9-21 所示轴的零件图。

任务目标：掌握轴类零件图的画法及尺寸标注；掌握极配与配合、表面粗糙度和几何公差的标注。

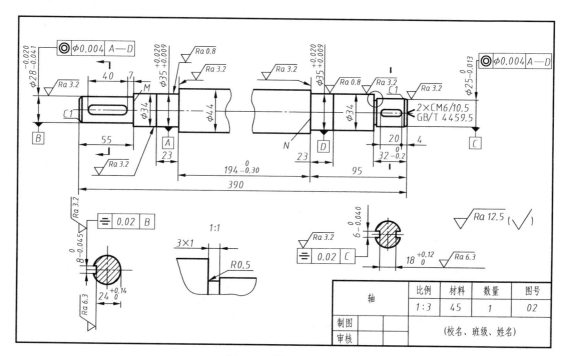

图 9-21　轴的零件图

【知识链接】

9.2.1　轴的结构分析

1. 轴的结构

1）轴的主体多数是由几段直径不同的圆柱、圆锥组成的，构成阶梯状。

2）轴上加工有键槽、螺纹、挡圈槽、倒角、退刀槽、中心孔等结构。

3）为了传递动力，轴上装有齿轮、带轮等，利用键来联接，因此在轴上开有键槽。

4）为了防止齿轮轴向窜动，装有弹簧挡圈，故加工出挡圈槽。

5）为便于轴上各零件的安装，在轴端有倒角。

6）轴的中心孔是供加工时装夹和定位用的。

7）这些局部结构主要是为了满足设计要求和工艺要求，主要在车床、磨床上加工，如图 9-22 所示。

2. 视图组成

为了加工时读图方便，轴类零件的主视图按加工位置原则选择，一般将轴线水平放置。

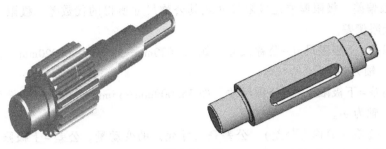

图 9-22　轴

垂直轴线的方向作为主视图的投射方向。在主视图上，清楚地反映了阶梯轴的各段形状及相对位置，也反映了轴上各局部结构的轴向位置。如图 9-21 所示，轴的零件图由一个主视图、两个移出断面图和一个局部放大图组成。主视图反映了轴的主体结构，断面图反映了轴的两端键槽的深度和宽度，局部放大图反映了右端退刀槽的结构和尺寸。

9.2.2　轴上尺寸标注分析

通常轴的技术要求中有配合要求的表面，其表面结构参数值较小；无配合要求表面的表面结构参数值较大；有配合要求的轴颈，其尺寸公差等级较高、公差数值较小；无配合要求的轴颈，其尺寸公差等级较低或不需标注。有配合要求的轴颈和重要的端面应有几何公差的要求。

图 9-21 所示轴的径向尺寸基准是中心轴线，也是高度和键槽宽度方向的尺寸基准，视图中标注出了各段轴的直径；长度方向的尺寸基准是右端面，总长为 390mm。轴上两个径向尺寸为 $\phi 35^{+0.020}_{+0.009}$mm 的轴段的长度为 23mm，很明显这是安装轴承的位置，所以要求表面粗糙度数值很小，圆柱表面粗糙度 Ra 值为 0.8μm，端面表面粗糙度 Ra 值为 3.2μm。两键槽侧面的表面粗糙度 Ra 值为 3.2μm，有对称度要求，键槽底面的表面粗糙度 Ra 值为 6.3μm。带有键槽的两轴段与 $\phi 35^{+0.020}_{+0.009}$mm 圆柱的中心轴线有同轴度要求，同轴度公差数值为 $\phi 0.004$mm。轴的两端有要求保留的 C 型中心孔 M6。

9.2.3　极限与配合

在实际生产中，对于大批量生产的零件，都有互换性要求。零件的互换性是指当装配一台机器或部件时，只要在一批相同规格的零件中任取一件装配到机器或部件上，不需修配加工就能满足性能要求。但在零件的制造过程中，由于加工和测量等因素引起的误差，使得零件的尺寸不可能绝对准确，为了使零件具有互换性，必须限制零件的误差范围。同时，由于使用要求不同，两零件结合的松紧程度也不同，为此国家标准制定了极限与配合的标准。

1. 尺寸公差的概念

以尺寸 $\phi 35^{+0.020}_{+0.009}$mm 为例来分析。

（1）公称尺寸　指在设计零件时，根据性能和工艺要求，通过必要的计算和试验确定的理想形状要素的尺寸，如 35mm。

（2）极限尺寸　即允许的零件实际尺寸变化的两个极限值，包括上极限尺寸和下极限尺寸。如上极限尺寸 35.020mm（35mm＋0.020mm＝35.020mm）和下极限尺寸 35.009mm（35mm＋0.009mm＝35.009mm），它们是以公称尺寸 35mm 为基数确定的。

（3）极限偏差　极限偏差是极限尺寸减其公称尺寸所得的代数差。极限偏差分为上极限偏差和下极限偏差。

上极限偏差＝上极限尺寸－公称尺寸。如 35.020mm－35mm＝+0.020mm。上极限偏差代号：孔为 ES，轴为 es。

下极限偏差＝下极限尺寸－公称尺寸。如 35.009mm－35mm＝+0.009mm。下极限偏差代号：孔为 EI，轴为 ei。

（4）尺寸公差（简称为公差）　公差是尺寸允许的变动量。公差＝上极限尺寸－下极限尺寸＝上极限偏差－下极限偏差。如 35.020mm－35.009mm＝0.011mm。公差恒为正值。公差用于限制尺寸误差，是尺寸精度的一种度量。公差数值越小，零件的精度越高，实际尺寸的允许变动量也越小；反之，公差数值越大，零件的精度越低。

（5）实际尺寸　实际尺寸是指零件制成后，通过测量获得的某一尺寸。如 $\phi 35^{+0.020}_{+0.009}$ mm 轴段，加工后的尺寸是 ϕ35.016mm，这就是实际尺寸。实际尺寸必须在上极限尺寸和下极限尺寸之间，才算合格。

2. 公差带图与公差带

允许尺寸的变动范围常用公差带图来表示。

（1）零线　在公差带图中，用零线表示公称尺寸，并根据零线确定上极限偏差和下极限偏差的位置。正偏差在零线的上方，负偏差在零线的下方。

（2）公差带　在公差带图解中，由代表上极限偏差和下极限偏差的两条直线所限定的区域，称为尺寸公差带，简称为公差带。如图 9-23 所示，公差带包括两个因素，即公差的大小和公差相对于零线的位置，分别用标准公差和基本偏差来表示。

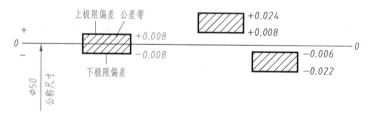

图 9-23　公差带

以轴的尺寸 ϕ50mm±0.008mm 为例，其公差与公差带如图 9-24 所示。

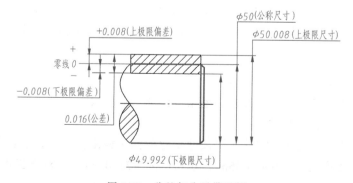

图 9-24　公差与公差带示例

3. 标准公差与基本偏差

（1）标准公差 标准公差是国家标准所列的公差，其数值与公称尺寸和公差等级有关。标准公差分为 20 个等级，即 IT01、IT0、IT1～IT18。IT 表示标准公差，数字表示公差等级，以确定公差的大小。IT01 的公差数值最小，精度最高；IT18 的公差数值最大，精度最低。标准公差 IT01～IT18 的精度依次降低。常用的标准公差数值见表 9-2。

表 9-2 常用的标准公差数值（GB/T 1800.2—2009）

公称尺寸/mm		标准公差等级																	
		IT1	IT2	IT3	IT4	IT5	IT6	IT7	IT8	IT9	IT10	IT11	IT12	IT13	IT14	IT15	IT16	IT17	IT18
大于	至	μm											mm						
—	3	0.8	1.2	2	3	4	6	10	14	25	40	60	0.1	0.14	0.25	0.4	0.6	1	1.4
3	6	1	1.5	2.5	4	5	8	12	18	30	48	75	0.12	0.18	0.3	0.48	0.75	1.2	1.8
6	10	1	1.5	2.5	4	6	9	15	22	36	58	90	0.15	0.22	0.36	0.58	0.9	1.5	2.2
10	18	1.2	2	3	5	8	11	18	27	43	70	110	0.18	0.27	0.43	0.7	1.1	1.8	2.7
18	30	1.5	2.5	4	6	9	13	21	33	52	84	130	0.21	0.33	0.52	0.84	1.3	2.1	3.3
30	50	1.5	2.5	4	7	11	16	25	39	62	100	160	0.25	0.39	0.62	1	1.6	2.5	3.9
50	80	2	3	5	8	13	19	30	46	74	120	190	0.3	0.46	0.74	1.2	1.9	3	4.6
80	120	2.5	4	6	10	15	22	35	54	87	140	220	0.35	0.54	0.87	1.4	2.2	3.5	5.4
120	180	3.5	5	8	12	18	25	40	63	100	160	250	0.4	0.63	1	1.6	2.5	4	6.3
180	250	4.5	7	10	14	20	29	46	72	115	185	290	0.46	0.72	1.15	1.85	2.9	4.6	7.2
250	315	6	8	12	16	23	32	52	81	130	210	320	0.52	0.81	1.3	2.1	3.2	5.2	8.1

（2）基本偏差 基本偏差是国家标准所列的，用以确定公差带相对于零线位置的上极限偏差或下极限偏差，一般指靠近零线的那个极限偏差。

当公差带在零线的上方时，基本偏差为下极限偏差；反之为上极限偏差，如图 9-25 所示。轴与孔的基本偏差代号用拉丁字母表示，大写为孔，小写为轴，各有 28 个，其位置示意图如图 9-26 所示。

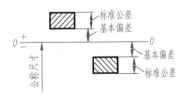

图 9-25 基本偏差

（3）公差带代号 公差带代号由基本偏差代号和标准公差等级代号组成，如"φ50H8"的公差带代号是 H8，H 是基本偏差代号，8 是标准公差等级代号，其极限偏差数值可通过查国家标准获得。

（4）尺寸公差在图样中的标注 尺寸公差在零件图中有三种标注形式，如图 9-27 所示。

4. 配合

公称尺寸相同、相互结合的孔和轴公差带之间的关系称为配合。根据使用要求，孔和轴之间的配合有松有紧，分为三类：间隙配合、过盈配合、过渡配合。

（1）间隙配合 公称尺寸相同的孔和轴相配合，孔的实际尺寸减轴的实际尺寸为正或零时，称为间隙配合。此时孔的公差带在轴的公差带上面，如图 9-28 所示。

（2）过盈配合 孔和轴配合时，孔的实际尺寸总比轴的实际尺寸小，即具有过盈（包括最小过盈等于零）的配合。过盈配合中孔的公差带在轴的公差带之下，如图 9-29 所示。

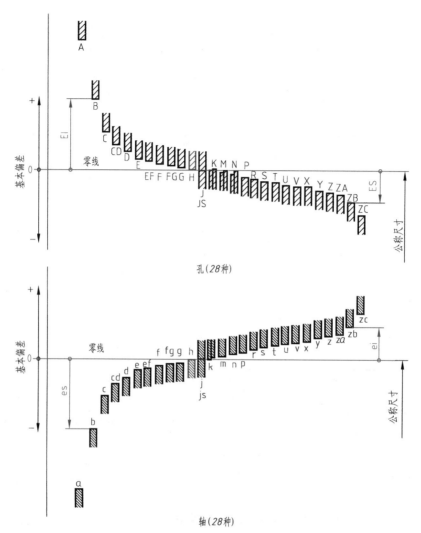

图 9-26　孔与轴的基本偏差位置示意图

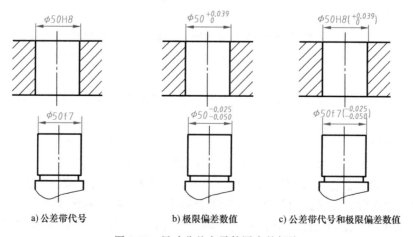

a) 公差带代号　　　　b) 极限偏差数值　　c) 公差带代号和极限偏差数值

图 9-27　尺寸公差在零件图中的标注

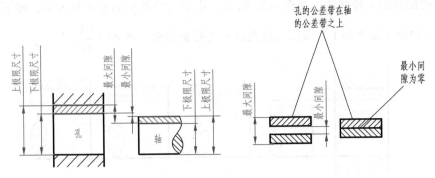

图 9-28 间隙配合

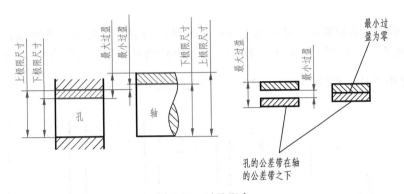

图 9-29 过盈配合

（3）过渡配合 孔的实际尺寸和轴的实际尺寸相比，可能大也可能小，即可能具有间隙也可能具有过盈的配合，称为过渡配合。过渡配合的孔和轴的公差带相对位置如图 9-30 所示。

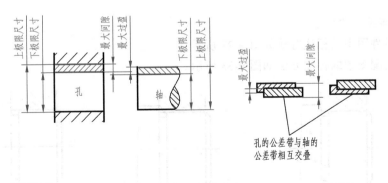

图 9-30 过渡配合

5. 基准制

在制造相互配合的零件时，将其中一种零件作为基准件，其基本偏差一定，通过改变另一种零件的基本偏差来获得不同配合性质的孔与轴的一种制度，称为配合制度。国家标准规定了两种配合制度。

（1）基孔制 基孔制是指基本偏差为一定的孔的公差带，与不同基本偏差的轴的公差带形成各种配合的一种制度，如图 9-31 所示。基准孔的基本偏差代号为 H，即下极限偏差为 0。由于轴比孔易于加工，所以应优先选用基孔制配合，如 $\phi 50 \dfrac{H8}{f7}$。

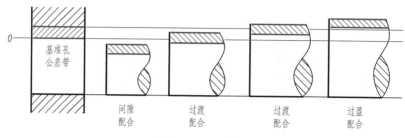

图 9-31　基孔制

（2）基轴制　基轴制是指基本偏差为一定的轴的公差带，与不同基本偏差的孔的公差带形成各种配合的一种制度，如图 9-32 所示。基准轴的基本偏差代号为 h，即上极限偏差为 0。基轴制仅用于具有明显经济效益或不适合采用基孔制的场合，如 $\phi 50 \dfrac{F8}{h7}$。

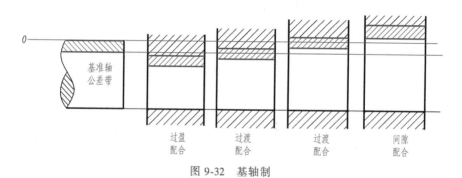

图 9-32　基轴制

6. 极限与配合的标注

极限在零件图中的标注方法如图 9-27 所示。

配合在装配图中的标注方法如图 9-33 所示。

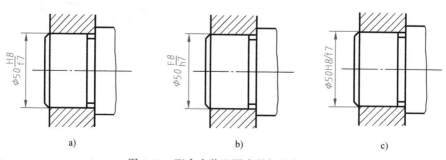

图 9-33　配合在装配图中的标注方法

9.2.4　表面粗糙度

在零件图中根据零件的功能，需要对零件的表面结构及表面质量提出要求。它包括表面粗糙度、表面波纹度、表面纹理、表面缺陷和表面几何形状。下面主要介绍表面粗糙度。

1. 表面粗糙度的基本概念

零件在加工过程中，由于受到机床、刀具、工件系统的振动以及刀具形状、切屑分裂时的塑性变形等因素影响，表面不可能绝对光滑。零件表面上具有的较小间距的峰谷所组成的微观几何形状特征，称为表面粗糙度，如图9-34所示。

表面粗糙度对零件的配合性质、耐磨性、强度、耐蚀性、密封性、外观要求等影响很大，它直接影响着机器的使用性能和寿命。表面质量要求越高（即表面粗糙度数值越小），零件表面越光滑，其加工成本越高。一般情况下，凡零件上有配合要求或有相对运动的表面，表面粗糙度数值要小。在满足功能要求的前提下，尽量选择较大的表面粗糙度数值，以减小加工难度，降低生产成本。

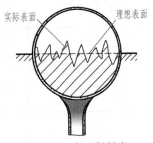

图9-34 表面粗糙度

表面粗糙度的评定参数主要有轮廓算术平均偏差 Ra 和轮廓最大高度 Rz。其中轮廓算术平均偏差 Ra 使用最为广泛。轮廓算术平均偏差 Ra 是指取样长度 ln（用于判别具有表面粗糙度特征的一段长度）内，轮廓偏差 y（表面轮廓上点至基准线的距离）的绝对值的算术平均值。轮廓最大高度 Rz 指取样长度 ln 内，最大轮廓峰高和最大轮廓谷深之和。

2. 表面粗糙度符号、代号及其意义

表面粗糙度符号的画法，如图9-35所示。表面粗糙度符号用细实线绘制，其中 $H_1 \approx 1.4h$，$H_2 \approx 2H_1$，其中 h 为零件图中文字的高度。

表面粗糙度代号是由规定的符号和有关的参数值组成的，其标注如图9-36所示。

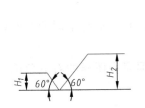

图9-35 表面粗糙度符号的画法

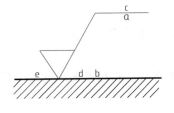

a—表面粗糙度参数代号及数值，单位为 μm
b—第二个表面粗糙度要求
c—加工方法、表面处理、涂层或其他加工工艺要求
d—表面纹理和方向
e—加工余量，单位为 mm

图9-36 表面粗糙度代号及其标注

表面粗糙度符号、代号及其意义见表9-3。

表9-3 表面粗糙度符号、代号及其意义

符号、代号	意 义
$\sqrt{}$	表示表面可用任何方法获得。当不加注表面粗糙度数值或有关说明(如表面处理、局部热处理等)时,仅适用于简化代号标注
$\sqrt{}$	表示表面是用去除材料的方法获得的,如车、铣、钻、磨、剪切、抛光、腐蚀、电火花加工、气割等
$\sqrt{}$	表示表面是用不去除材料的方法获得的,如铸、锻、冲压变形等
$\sqrt{Ra\,3.2}$	用任何方法获得的表面,Ra 的上限值为 3.2μm

（续）

符号、代号	意　义
$\sqrt{}$ Ra 3.2	用去除材料的方法获得的表面，Ra 的上限值为 3.2μm
$\sqrt{}$ Ra 3.2	用不去除材料的方法获得的表面，Ra 的上限值为 3.2μm
$\sqrt{}$ U　Ra 3.2 　　L　Ra 1.6	用去除材料的方法获得的表面，Ra 的上限值为 3.2μm，下限值为 1.6μm。在不致引起误解时，U、L 可省略
$\sqrt{}$ Ra max 3.2	当不允许任何实测值超差时，应在参数值的左侧加注 max 或同时标注 max 和 min

3. 表面粗糙度代号在图样上的标注

1）代号中的数字及符号的方向，必须按规定标注，如图 9-37 所示，代号中的数字方向应与尺寸数字的方向一致。

2）在同一图样上每一表面只注一次代号，且应注在可见轮廓线上（代号的尖端必须从材料外指向表面，且尖端紧贴表面）、尺寸界线及其延长线上，以及几何公差的框格上，也可用带箭头或黑点的指引线引出标注。

3）在不致引起误解时，代号也可标注在尺寸线及其延长线上。

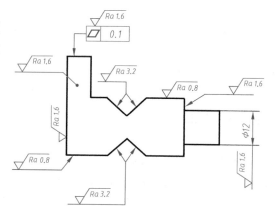

图 9-37　表面粗糙度代号在图样上的标注

4）圆柱和棱柱表面的表面粗糙度要求只标注一次，如果每个棱柱表面有不同的表面粗糙度要求，则要分别单独标注。

5）当零件上多个表面都具有相同的表面粗糙度要求时，则代号可在图样的右下角统一标注。

9.2.5　几何公差

机械加工后的零件，由于机床夹具、刀具及工艺操作水平等因素的影响，零件的尺寸和形状及表面质量均会出现加工误差，所以会产生形状误差和位置误差。由于形状误差和位置误差也会影响机器的工作性能，因此对精度要求高的零件要控制其形状误差和位置误差。几何公差是指实际被测要素相对于图样上给定的理想形状和理想位置的允许变动量。

1. 几何公差代号及其意义

几何公差代号由几何公差的几何特征符号、几何公差框格及指引线、几何公差数值和基准代号等组成。

（1）几何公差的几何特征符号　GB/T 1182—2018《产品几何技术规范（GPS）　几何公差 形状、方向、位置和跳动公差标注》中对几何公差的几何特征符号做了规定，见表 9-4。

表 9-4　几何公差的几何特征符号（GB/T 1182—2018）

公差类型	几何特征	符　号	有无基准
形状公差	直线度	—	无
	平面度	▱	无
	圆度	○	无
	圆柱度	⌭	无
形状公差、方向公差或 位置公差	线轮廓度	⌒	有或无(形状公差无)
	面轮廓度	⌓	有或无(形状公差无)
方向公差	平行度	∥	有
	垂直度	⊥	有
	倾斜度	∠	有
位置公差	位置度	⊕	有或无
	同心度(用于中心点) 同轴度(用于轴线)	◎	有
	对称度	＝	有
跳动公差	圆跳动	↗	有
	全跳动	⫛	有

（2）几何公差框格　几何特征符号与框格内的文字和图样中的尺寸数字等高。几何公差框格用细实线绘制，框格高度为框格中文字高度的两倍，框格应水平或竖直放置，框格中的内容如图 9-38 所示，有几何特征符号、几何公差值和基准等。

（3）基准符号　基准符号用于标注相对于被测要素的基准。基准符号由基准字母、基准方格、涂黑的基准三角形（或空白的基准三角形）和连线组成，如图 9-39 所示。

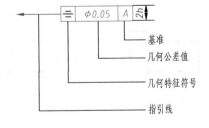

图 9-38　几何公差框格

图 9-39　基准符号

2. 几何公差的标注

（1）几何公差的框格指引线与被测要素的标注 指引线将被测要素与公差框格一端相连，如图9-40所示。若被测要素是轮廓线，则指引线的箭头要指向被测要素的轮廓线或其延长线上，如图9-40a所示。若被测要素是轴线，则指引线的箭头应与该要素相应尺寸线的箭头对齐，如图9-40b所示。若几个表面有同一公差值，可由一个框格内的同一端引出多个指示箭头，如图9-40c所示。若被测要素有多项几何公差要求，则可在一个指引线上画出多个框格，如图9-40d所示。当被测要素为局部表面且在图样上表现为轮廓线时，可用粗点画线指示其范围，并将指引线的箭头指向该线，如图9-40e所示。

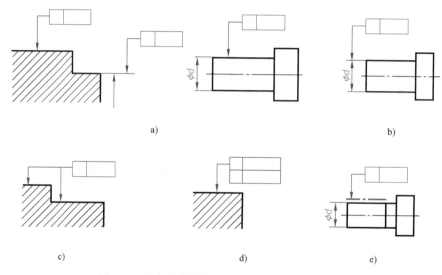

图9-40 几何公差的框格指引线与被测要素的标注

（2）基准符号与基准要素的标注 基准符号的标注形式如图9-41a所示。此时公差框格应增加第三格，并标注与基准方格内相同的字母，如图9-41b所示。

基本要素是轮廓线，基准三角形要放置在基准要素的轮廓线或其延长线上，与尺寸线明显错开，如图9-41b所示。基准要素是轴线时，基准三角形要与基准要素的相应尺寸线的箭头对齐，如图9-41c所示。当基准要素为局部表面，且在图样上表现为轮廓线时，可用粗点画线指示其范围，并将基准三角形放置在该线的外侧，如图9-41d所示。

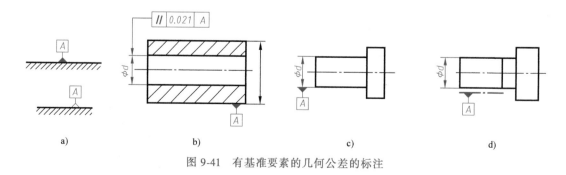

图9-41 有基准要素的几何公差的标注

（3）几何公差的标注示例和公差带形状（表9-5）

表 9-5　几何公差的标注示例和公差带形状

名称	标注示例	公差带形状
平面度	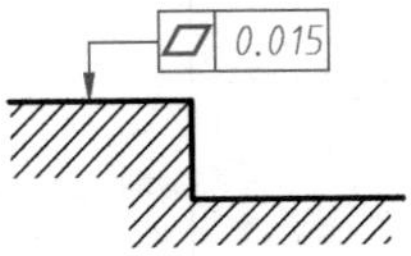 □ 0.015	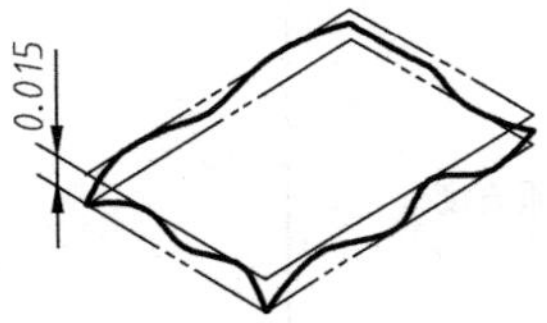 0.015
直线度	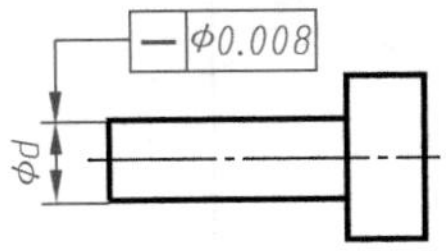 — φ0.008 ϕd	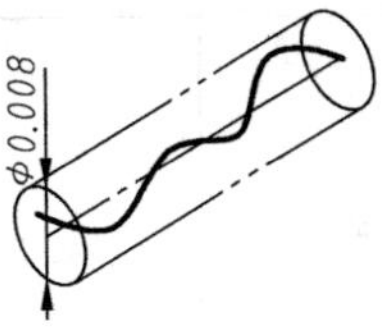 φ 0.008
圆柱度	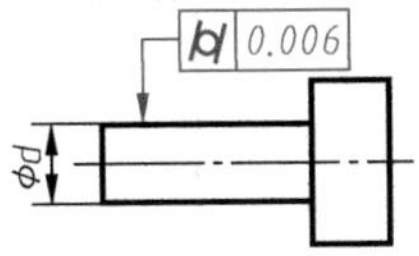 ⌭ 0.006 ϕd	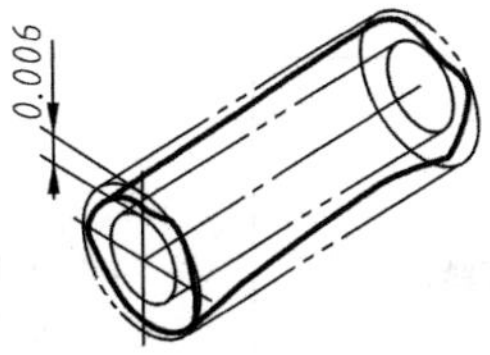 0.006
圆度	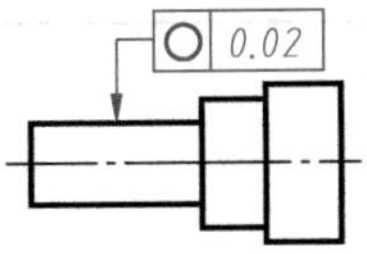 ○ 0.02	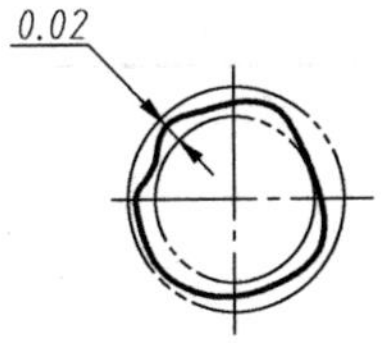 0.02
平行度	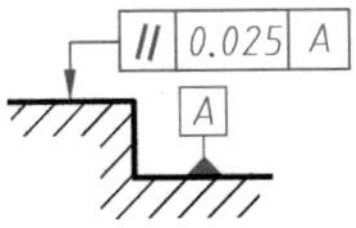 ∥ 0.025 A A	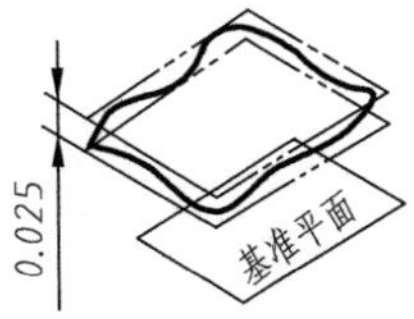 0.025 基准平面
平行度	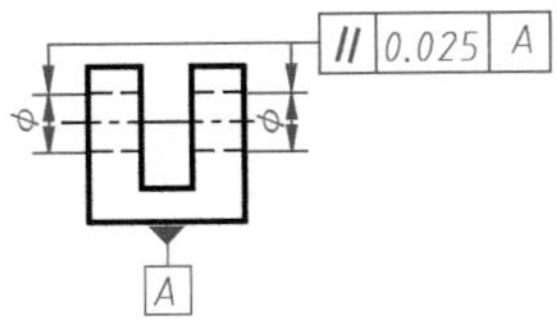 ∥ 0.025 A φ A	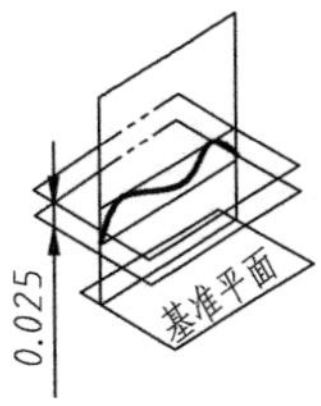 0.025 基准平面
对称度	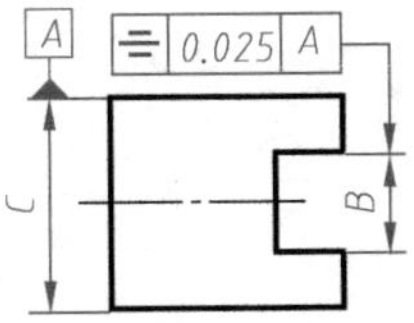 A ≡ 0.025 A C B	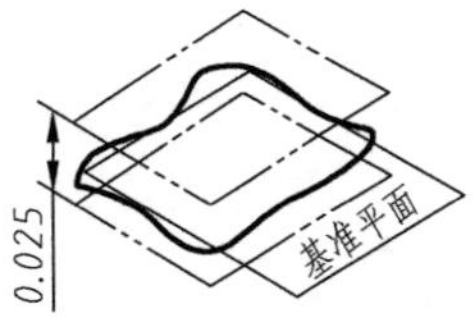 0.025 基准平面

（续）

名称	标注示例	公差带形状
垂直度	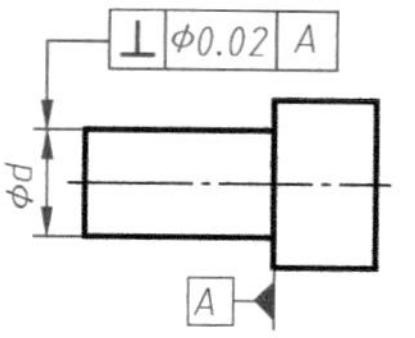	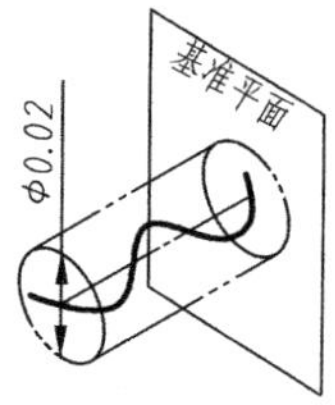
同轴度	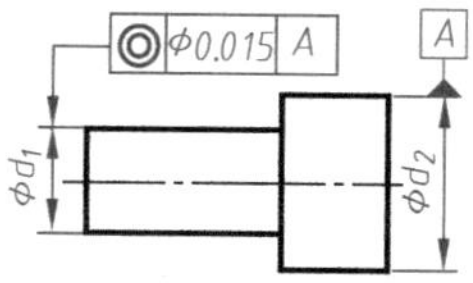	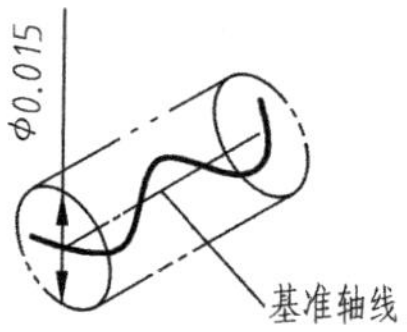
圆跳动	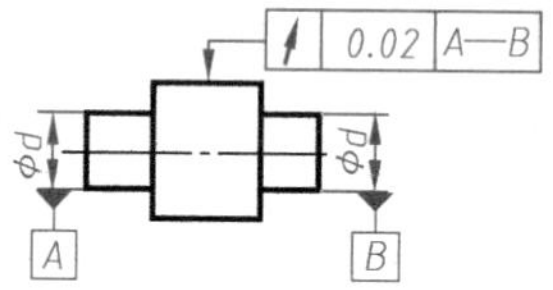	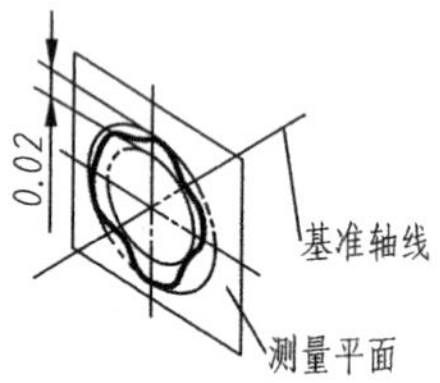

识读装配图

机器或部件都是由若干零件按一定的相互位置、连接方式、配合性质等装配关系组合而成的装配体，如图 10-1a 所示滑动轴承。装配图用于反映设计者的意图，表达装配体的工作原理、性能要求、各零件间的装配关系和零件的主要结构形状，以及在装配、检验、安装时所需要的尺寸数据和技术要求。

任务 10.1　滑动轴承装配图的作用和内容

任务描述：分析滑动轴承（图 10-1）的装配图（图 10-2），学习装配图的作用与内容。

任务目标：掌握装配图的内容及读图方法。

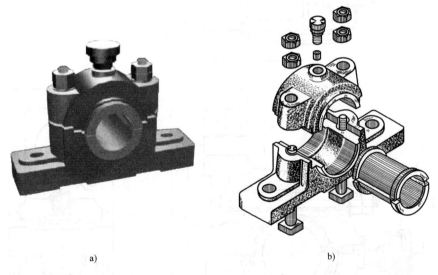

a)　　　　　　　　　　　　　　　　b)

图 10-1　滑动轴承及其轴测分解图

【知识链接】

10.1.1　装配图的作用

在机器或部件的设计过程中，一般先根据设计要求画出装配图，然后再根据装配图绘制零件图。在生产过程中，根据零件图生产出合格的零件，再把合格零件按装配图的要求组装成机器或部件。装配图是指导装配、检验、安装、调试的技术依据。

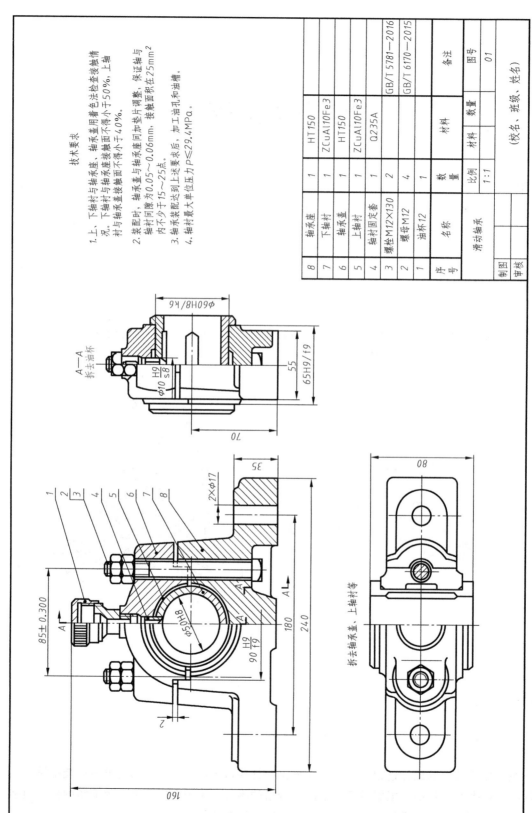

技术要求

1. 上、下轴衬与轴承座、轴承盖用着色法检查装接情况。下轴衬与轴承座接触面不得小于50%，上轴衬与轴承盖接触面不得小于40%。
2. 装配时，轴盖与轴承座间加垫片调整，保证轴与轴衬间隙为0.05～0.06mm，接触面积在25mm²内不少于15～25点。
3. 轴承装配达到上述要求后，加工油孔和油槽。
4. 轴承最大单位压力P≤29.4MPa。

8	轴承座	1	HT150		
7	下轴衬	1	ZCuAl10Fe3		
6	轴承盖	1	HT150		
5	上轴衬	1	ZCuAl10Fe3		
4	轴衬固定套	1	Q235A		
3	螺栓M12×130	2		GB/T 5781—2016	
2	螺母M12	4		GB/T 6170—2015	
1	油杯12	1			
序号	名称	数量	材料	备注	
滑动轴承		比例		图号	
		1:1	材料	01	
制图					
审核		（校名、班级、姓名）			

图 10-2　滑动轴承的装配图

在使用和维护过程中，通过装配图了解机器或部件的使用性能、传动路线和操作方法，以保证其正常运转并及时对其进行维修保养。

10.1.2　装配图的内容

一张完整的装配图应包括下列基本的内容。

1. 一组视图

用一组视图表示机器或部件的工作原理和结构特点、零件的相互位置、装配关系和重要零件的结构形状。滑动轴承是一种较为常用的部件，图 10-1b 所示为滑动轴承的轴测分解图，图 10-2 所示为该部件的装配图，它用三个视图表达了滑动轴承各个零件间的装配关系、滑动轴承的工作原理和结构特点。

2. 必要的尺寸

在装配图上必须标注表示装配体的性能、规格以及装配、检验和安装时所需的尺寸，如图 10-2 所示的"ϕ60H8/k6"为装配尺寸，"180"为安装尺寸。

3. 技术要求

用文字或符号说明装配体的性能以及装配、检验、调试和使用等方面的要求。

4. 零部件序号和明细栏

按一定的格式，将所有的零件或部件进行编号，并填写明细栏。

5. 标题栏

标题栏的内容包括机器或部件的名称、比例、图号及设计、制图、审核人员的签名等。

10.1.3　装配图的表达方案

前面学过了零件图的表达方法，如基本视图、剖视图、断面图等，这些都可以用来表达装配图。但装配图的重点是表达零件间的装配关系、装配体的工作原理。因此，对装配图还有一些规定画法和特殊画法。

1. 装配图的规定画法

1）相邻两零件的接触面和配合面，规定只画一条线。不接触表面和非配合表面应画两条线。若间隙过小时，可采用夸大画法。例如：键的两侧面与轴的键槽两侧面为接触面，所以只画一条线，键的上面与孔的键槽底面为不接触面，所以应画两条线，如图 10-3 所示。

2）相邻两个零件的剖面线倾斜方向应相反或方向相同但间隔必须不等，如图 10-4 所

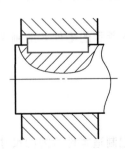

图 10-3　接触面与非接触面

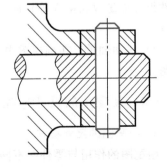

图 10-4　几个相邻零件的剖面线画法

示。但同一零件的剖面线的方向和间隔在各个视图中必须一致。当断面厚度小于 2mm 时，允许以涂黑来代替剖面线。

3）实心件的画法。当剖切平面通过实心件（如轴、连杆、球等）的轴线时，这些零件按不剖绘制，即只画出外形，如图 10-4 所示的销。如果实心件上有些结构和装配关系需要表达时，可采用局部剖视图的方式加以表达，如图 10-5 所示的轴 7。

2. 装配图的特殊画法

（1）拆卸画法　当某些零件遮住了需要表达的结构和装配关系时，可假想将这些零件拆去，只画出所表达部分的视图。用拆卸画法绘图时，应在视图上方标注"拆去××"字样，如图 10-2 和图 10-5 所示的左视图。

（2）沿结合面剖切画法　为了表达内部结构，可采用沿结合面剖切画法，即零件的结合面不画剖面线，但被横向剖切的轴、螺栓、销等都要画剖面线，如图 10-2 所示的俯视图。

（3）单独表示某个零件　当个别零件在装配图中未表达清楚而又需要表达时，可单独画出该零件的视图，并在零件视图上方注出该零件的名称和编号，其标注方法和局部视图类似。

（4）假想画法

1）当需要表示运动零件的运动范围或极限位置时，可用细双点画线画出该零件在极限位置的外形图，如图 10-6 所示。

2）当需要表达与装配体有装配关系，又不属于该装配体的相邻零件或部件时，可用细双点画线画出相邻零件或部件的轮廓，如图 10-5 所示的铣刀和图 10-6 所示的主轴箱。

（5）夸大画法　在装配图中，非配合面的微小间隙、薄片零件、细弹簧等，如无法按实际尺寸画出时，可不按比例而夸大画出。图 10-3 所示键与齿轮上键槽之间的间隙，就是采用夸大画法。

（6）展开画法　为了表达某些重叠的装配关系及传动路线，可假想将空间轴系按传动顺序展开在同一平面上，再画出剖视图，如图 10-6 所示的三星轮系的展开画法。

（7）简化画法

1）某些工艺结构。在装配图中，零件的部分工艺结构如倒角、圆角、退刀槽等可省略不画。

2）相同的零件组。在装配图中，螺母和螺栓等的头部允许采用简化画法。若有相同的零件组（如螺纹联接件等）时，允许仅详细地画出一处，其余可只用细点画线表示其中心位置。

3）滚动轴承。在剖视图中，滚动轴承被剖切时，允许按如图 10-5 所示的零件 6 的画法绘制。

10.1.4 装配图的尺寸标注、技术要求、序号和明细栏

1. 装配图的尺寸标注

装配图的作用与零件图不同，所以在装配图中标注尺寸时，不必把制造零件所需的尺寸都标注出来，只需标注以下几类尺寸：

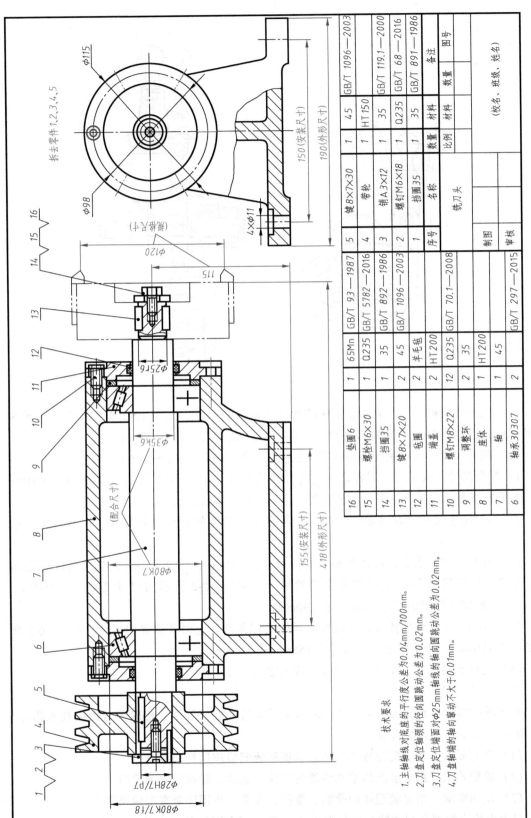

图 10-5 铣刀头的装配图

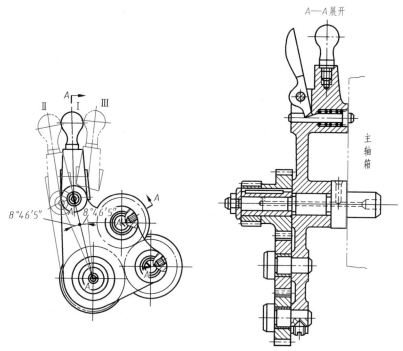

图 10-6　三星轮系的展开画法

（1）性能、规格尺寸　表示装配体的性能或规格的尺寸，如图 10-2 所示的滑动轴承的孔径 φ50H8；如图 10-5 所示铣刀头的中心高 115mm 及铣刀直径 φ120mm。

（2）装配尺寸　表示装配体中各零件装配关系的尺寸，有以下两种：

1）配合尺寸。表示两个零件之间配合性质的尺寸，如图 10-2 所示的 90H9/f9、65H9/f9；如图 10-5 所示轴承内、外圈上所注的尺寸 φ80K7、φ35k6 等。

2）相对位置尺寸。表示零件装配时，需要保证的零件相对位置尺寸，如两齿轮的中心距。

（3）外形尺寸　表示装配体外形轮廓的尺寸，即总长、总宽和总高。这是装配体在包装、运输、厂房设计和安装时需要注意的尺寸，如图 10-2 所示的尺寸 240mm、160mm、80mm，如图 10-5 所示的尺寸 418mm 和 190mm。

（4）安装尺寸　装配体安装在地基或其他机器和部件上时所需要的尺寸，如图 10-2 所示的尺寸 180mm，如图 10-5 所示的尺寸 155mm 和 150mm。

（5）其他重要尺寸　设计中经过计算或选定的尺寸。

2. 装配图中的技术要求

装配图中的技术要求用文字书写，说明装配体的性能、装配、检验等方面的技术指标。它一般包括以下几个方面内容：

（1）装配要求　指装配过程中的注意事项和装配后应达到的要求。

（2）检验要求　指对装配体基本性能的检验、试验、验收方法的说明。

（3）使用要求　指对装配体的性能、维护、保养、使用注意事项的说明。

以上内容应根据装配体的具体情况而定，并书写在图样的空白处，如图 10-2 和图 10-5

所示。

3. 装配图中的零件或部件的序号

装配图中的所有零件或部件都必须编号，并填写明细栏，以便统计数量，进行生产的准备工作。标注时注意以下要求。

（1）指引线

1）指引线用细实线绘制，应从所指零件的可见轮廓线内引出，并在末端画一圆点；若所指部分很薄或为涂黑断面，可在指引线末端画出箭头，并指向该部分的轮廓线，如图10-7所示。

2）指引线的另一端可画成水平横线，或为细实线圆，或为直线段终端。

3）指引线互相不能相交，当通过剖面线的区域时，指引线不应与剖面线平行。必要时，指引线可以画成折线，但只可弯折一次。

4）一组紧固件或装配关系清楚的零件组，可采用公共指引线，如图10-8所示。

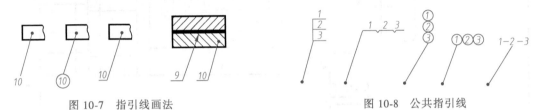

图 10-7　指引线画法　　　　　　　　　　图 10-8　公共指引线

（2）序号数字

1）序号数字应比图中尺寸数字大一号或两号，但同一装配图中编注序号的形式应一致。

2）相同的零、部件用一个序号，一般只标注一次。

3）装配图中的序号应按水平或垂直方向排列整齐，按顺时针或逆时针方向顺序排列，也可只在水平或垂直方向顺序排列，如图10-2和图10-5所示。

4. 明细栏

明细栏一般绘制在标题栏的上方，若地方不够，可将余下部分移至标题栏左方。明细栏的格式如图10-9所示。

图 10-9　明细栏的格式

任务10.2　装配图的识读

任务描述：识读如图10-10所示机用平口台虎钳的装配图。

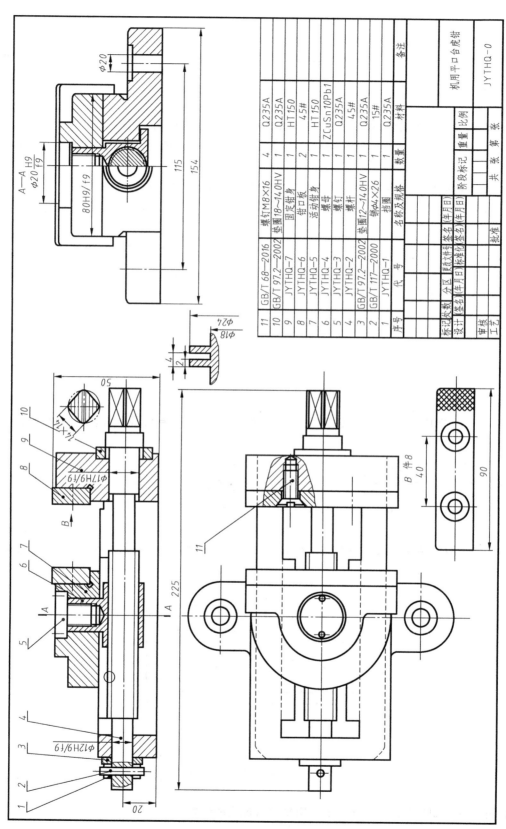

图 10-10 机用平口台虎钳的装配图

序号	代号	名称及规格	数量	材料	备注
11	GB/T 68-2016	螺钉M8×16	4	Q235A	
10	GB/T 97.2-2002	垫圈18~140HV	1	Q235A	
9	JYTHQ-7	固定钳身	1	HT150	
8	JYTHQ-6	钳口板	2	45#	
7	JYTHQ-5	活动钳身	1	HT150	
6	JYTHQ-4	螺母	1	ZCuSn10Pb1	
5	JYTHQ-3	螺钉	1	Q235A	
4	JYTHQ-2	螺杆	1	45#	
3	GB/T 97.2-2002	垫圈12~140HV	1	Q235A	
2	GB/T 117-2000	销φ4×26	1	15#	
1	JYTHQ-1	挡圈	1	Q235A	

机用平口台虎钳　JYTHQ-0

　　任务目标：掌握识读装配图的方法。

▶【知识链接】

　　读装配图的目的是了解机器或部件的性能、工作原理，明确各零件的装配关系、各零件的主要结构形状和作用。以图10-10所示的机用平口台虎钳的装配图为例，说明读装配图的一般步骤。

10.2.1　读机用平口台虎钳的装配图的步骤和方法

1. 概括了解和分析视图

　　首先看标题栏，从机器或部件的名称可大致了解其用途。从画图的比例，结合图上的总体尺寸可想象出该装配体的总体大小。从明细栏并结合图中的序号了解零件的数量，了解机器或部件的大致结构。从图10-10中可见，该装配图由11种零件组成，共有15个零件。

2. 分析视图，了解零件间的装配关系

　　了解各个视图的相互关系及表达方式。从图10-10中可见，有三个基本视图、一个断面图和一个局部放大图，还有一个钳口板8的*B*向视图。主视图采用了全剖视图，主要表达各零件间的装配关系、连接方式、传动关系。左视图采用了半剖视图，半个视图表达外形，半个视图主要表达固定钳身9、活动钳身7、螺母6、螺钉5和螺杆4的装配关系。俯视图反映外形，其中的局部剖视图表达了钳口板8和固定钳身9的连接方式。断面图反映了螺杆4右端的断面形状。局部放大图反映螺杆4的螺纹牙型。

3. 分析工作原理

　　从图上分析，弄清楚工作原理。机用平口台虎钳的工作原理：旋转螺杆，使螺母沿螺杆轴线做直线运动，螺母带动活动钳身、钳口板移动，实现夹紧或松开。

4. 分析零件的主要结构形状，看懂零件形状

　　前面三个步骤分析后，需要进一步细致读图。先把不同零件分开，弄清每个零件的主要结构形状。

　　1）由零件的剖面线方向不同和间隔来区分零件轮廓的范围，如活动钳身7、固定钳身9、螺母6和钳口板8等。

　　2）利用装配图的规定画法和特殊表达方法来区分零件。例如：利用标准件和实心件不剖的规定可区分螺钉、油标、键、球等零件，如图10-10所示的螺杆、螺钉及销等。

　　3）利用零件的序号对照明细栏，找出零件的数量、材料、规格等，帮助了解零件的形状、作用及确定零件在装配图中的位置和范围。

　　4）总结归纳，想象整体形状。

　　由以上分析可知机用平口台虎钳的整体结构是：螺杆4装在固定钳身9上，通过垫圈3、挡圈1和销2使螺杆4只能转动而不能沿轴向移动，螺母6安装在螺杆4上，通过螺钉5把螺母6和活动钳身7联接在一起，用4个螺钉11将两块钳口板8分别固定在活动钳身7和固定钳身9上。

　　至此，机用平口台虎钳的工作原理和各零件之间的装配关系就更加清晰了。

5. 分析尺寸和技术要求

　　机用平口台虎钳的性能尺寸是0~70mm，它指明了活动钳身的运动范围。

φ12H9/f9 和 φ17H9/f9 是螺杆 4 和固定钳身 9 的配合尺寸；80H9/f9 是活动钳身 7 和固定钳身 9 的配合尺寸；φ20H9/f9 是螺钉 5 与活动钳身 7 的配合尺寸；115mm、40mm、φ20mm 是安装尺寸；225mm、154mm、50mm 是总体尺寸。其余尺寸是零件的定形和定位尺寸。

如果有技术要求，还要进一步分析技术要求中的相关内容。

经过以上几步分析，对整个机用平口台虎钳的结构、功能、装配关系、尺寸大小等就有了全面的认识。

10.2.2　读装配图的要点

1. 运动关系

弄清楚运动如何传递，哪些零件运动，哪些零件不动，运动的形式（转动、移动、摆动、往复等）如何，由哪些零件实现运动的传递。

2. 配合关系

凡是有配合的零件，都要弄清楚基准制、配合种类、公差等级等。

3. 连接和固定方式

弄清楚各零件之间是用什么方式连接和固定的。

4. 定位和调整

弄清楚零件上何处是定位表面，哪些面与其他零件接触，哪些部位需要调整，用什么方法调整等。

5. 装拆顺序

图 10-10 所示的机用平口台虎钳的装配顺序是：固定钳身 9→垫圈 10→螺杆 4→螺母 6→垫圈 3→挡圈 1→销 2→活动钳身 7→螺钉 5→钳口板 8→螺钉 11。

6. 主要零件的结构形状

想象出主要零件的结构形状对看懂装配图十分重要。对少数较复杂的零件，可采用形体分析或线面分析等投影分析方法。

项目11

AutoCAD绘图

AutoCAD 是一款计算机辅助设计软件，可用于二维绘图、设计文档和基本三维设计，已成为国际上广为流行的绘图工具，能通过交互菜单或命令行方式进行各种操作。作为初学者，我们通过完成各任务来掌握各种绘图命令和编辑命令，从而掌握 AutoCAD 的绘图方法。

任务 11.1　平面图形的绘制

任务描述：绘制如图 11-1 所示的平面图形 1。

任务目标：

1）掌握图层的建立；熟悉绘图命令。

2）掌握直线、圆弧和圆的绘制和尺寸标注。

3）掌握修改命令：修剪、删除、偏移、夹点编辑等。

4）掌握状态栏命令：极轴、对象捕捉、正交。

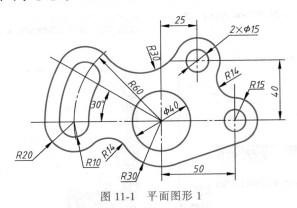

图 11-1　平面图形 1

【知识链接】

11.1.1　图层的建立

新建图层步骤如下：

1）打开 AutoCAD 2012 界面，单击"格式"→"图层"命令，或单击"图层"工具栏中的"图层特性"命令，弹出"图层特性管理器"对话框，如图 11-2 所示。

2）鼠标放在"图层特性管理器"对话框中，单击鼠标右键，并选择"新建图层"选项。

3）选择"图层1"，出现闪烁光标，就可以输入需要的图层了，如输入"粗实线"，如图 11-3 所示。

4）单击"颜色"下面的白色方框，出现"选择颜色"对话框，选择需要的颜色。通常选择白色为粗实线的颜色，如图 11-4 所示。

5）线型下面是"Continious"，表示为连续的线型，粗实线即为连续的线型。选择其他线型时，单击"Continious"选项，在"选择线型"对话框中加载后选取，如图 11-5 所示。

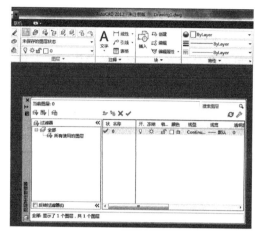

图 11-2　"图层特性管理器"对话框

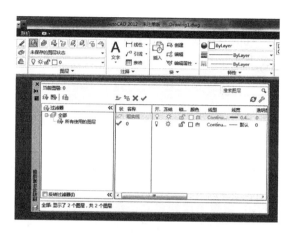

图 11-3　新建"粗实线"图层

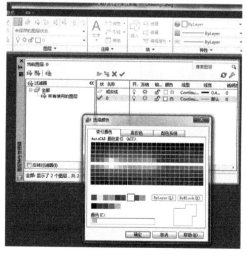

图 11-4　"选择颜色"对话框

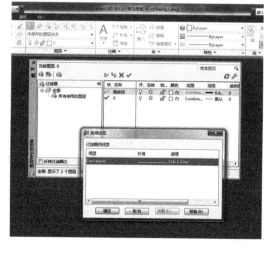

图 11-5　"选择线型"对话框

6）选择线宽时，单击线宽下面的"默认"选项，出现"线宽"对话框；下拉滚动条，选择"0.40mm"作为粗实线的线宽。线宽应根据需要进行选择，如图 11-6 所示。

7）建立中心线层，颜色选择红色，线宽选择默认，中心线的线型在"选择线型"对话框中加载，选择 CENTER、CENTER2 或 CENTERX2 中的一种；用同样的方法新建尺寸线层（白色，默认线宽，默认线型）、虚线层（洋红色，默认线宽，线型选择虚线）和细实线层

（绿色、默认线宽、默认线型），如图 11-7 所示。

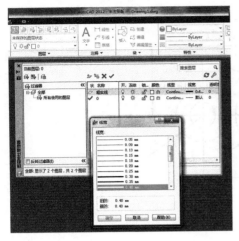

图 11-6 "线宽"对话框

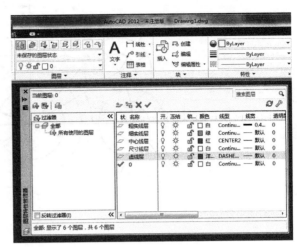

图 11-7 新建图层

通常情况下，需要的线型就建好了。

11.1.2 平面图形的作图步骤

1. 确定中心位置

图 11-1 中的定位尺寸有 50mm、40mm、25mm、30°和 R60mm。

先画中心线 1 和中心线 2，偏移得到中心线 3、4、5，注意如果偏移的线太长，可以用夹点编辑命令，缩短中心线。夹点编辑时要关闭对象捕捉。将极轴打开，并设置极轴为 30°，绘制中心线 7。用画圆弧命令（圆心，起点，终点），绘制 R60mm 中心圆弧线 6，如图 11-8 所示。

2. 画圆

图 11-1 中的定形尺寸有 ϕ15mm、ϕ40mm、R15mm、R20mm、R10mm、R30mm。用绘制圆命令（圆心、半径）绘制图，如图 11-9 所示。

3. 画连接线段和连接圆弧

图 11-1 中的连接尺寸有 R30mm、R14mm、切线连接 R30mm 和 R15mm，如图 11-10 所示。

1）连接圆弧的画法。可以用倒圆命令，也可以用相切、相切、半径画圆命令。

2）切线的画法。将对象捕捉设置为切点，其他清除，画直线。

3）左侧连接 R10mm 两圆、连接 R20mm 两圆的圆弧的画法。用圆心、起点、终点画圆弧的命令绘制。

4. 修剪

修剪掉多余的线段，结果如图 11-11

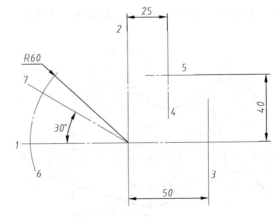

图 11-8 确定中心位置

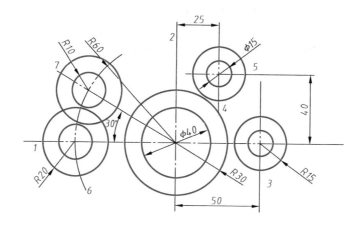

图 11-9　画圆

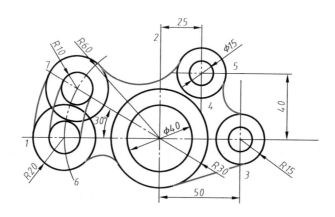

图 11-10　画连接线段和连接圆弧

所示。

5. 标注尺寸

1）设置文字样式。单击"注释"工具栏中的"文字"命令，打开"文字样式"对话框，如图 11-12 所示。将字高设置为"3.5"。

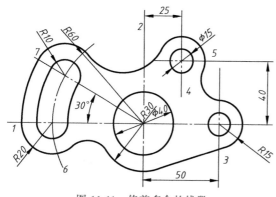

图 11-11　修剪多余的线段

图 11-12　"文字样式"对话框

2）设置标注样式。单击"注释"工具栏中的"标注"命令，打开"标注样式管理器"对话框，如图11-13所示。单击"修改"按钮，在打开的对话框中选择"文字"选项卡，将文字高度改为"3.5"，如图11-14所示。

3）新建一个水平标注样式，并设置名称，如"水平"，这里就简单设置为"sp"，将文字的对齐方式设置为水平，因为角度标注要求角度中的文字必须水平，如图11-14所示。

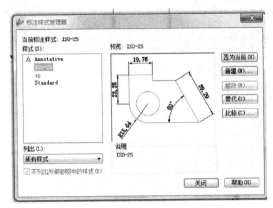

图11-13 "标注样式管理器"对话框

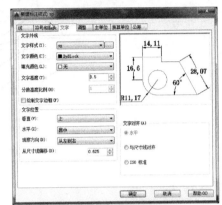

图11-14 水平标注样式设置

在"注释"工具栏中的"标注"面板中，分别选择"线性""半径""直径""角度"命令，进行相关尺寸标注。标注时，选择尺寸界线的起点和尺寸界线的终点，拉开尺寸线，并选择合适的位置单击即可标注一个尺寸。依次标注其他尺寸。

6. 整理图形与尺寸布局

尺寸标注如图11-15所示。注意以下几点：

1）圆的中心要以实线相交。

2）中心线超出轮廓线2~3mm。

3）尺寸布局合理，不能过多地集中到一个部位。

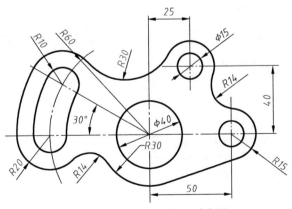

图11-15 整理图形与尺寸布局

任务11.2 各种编辑命令的运用

任务描述：绘制如图11-16所示的平面图形2。

任务目标：掌握绘图和编辑命令。

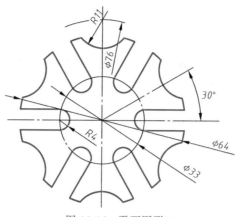

图 11-16   平面图形 2

【知识链接】

图 11-16 所示的平面图形 2 的作图步骤如下：

1. 确定中心位置

绘制圆 φ33mm、φ76mm 及 30°角度线。

绘制 30°角度线时，先设置极轴追踪，增量角为 30°，如图 11-17 所示。打开极轴，画 30°角度线。确定中心位置如图 11-18 所示。

图 11-17   极轴追踪设置

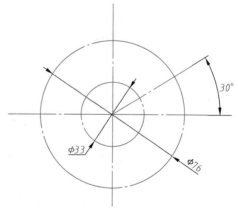

图 11-18   确定中心位置

2. 绘制一个单元

图 11-16 所示图形是由六个相同的单元通过阵列形成的。先绘制一个单元，如图 11-19 所示；再修剪成阵列的对象，如图 11-20 所示。

3. 阵列

在"修改"工具栏中单击"阵列"→"环形阵列"命令；然后选择阵列的对象，即绘制的阵列单元；选择阵列的中心为 φ33mm 的中心，项目总数输入"6"，最后选择"修剪"选

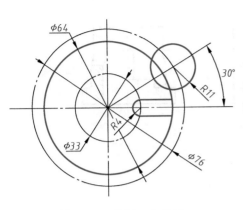

图 11-19 绘制一个单元

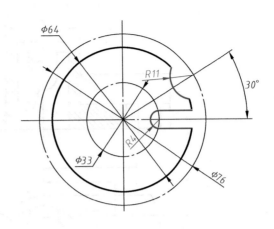

图 11-20 修剪成阵列的对象

项，结果如图 11-21 所示。

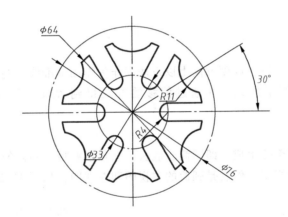

图 11-21 阵列修剪图

4. 标注尺寸并整理图形

标注所有的尺寸并整理图形，注意中心线的长短，尺寸标注的位置要合适。

任务 11.3 三视图的绘制

任务描述：绘制如图 11-22 所示的支座三视图并标注尺寸。

任务目标：掌握对象追踪、图案填充、相贯线等的画法。

▶【知识链接】

作图步骤如下：

1. 绘制三个视图的作图基准线

该图的俯视图是对称图形，前后对称，选择以 *R*23mm 的中心线作为作图基准线、前后

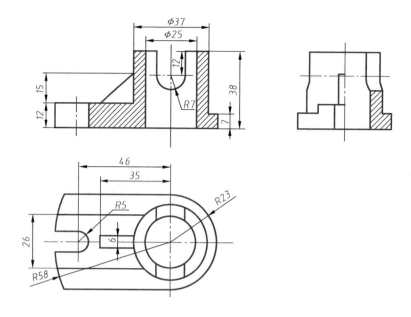

图 11-22　支座三视图

位置的对称中心线。主视图在高度方向上以下底面作为作图基准线。左视图以前后对称的中心线和下底面作为作图基准线，并通过偏移的方式得到 $R5\mathrm{mm}$ 和 $R7\mathrm{mm}$ 的中心线，如图 11-23 所示。

　　2. 绘制圆筒的三视图

　　这个支座基本由三部分组成，即圆筒、底板、三角形肋板。圆筒的俯视图更多地反映实形，所以先画圆筒的俯视图，然后是圆筒的主视图和左视图，如图 11-24 所示。

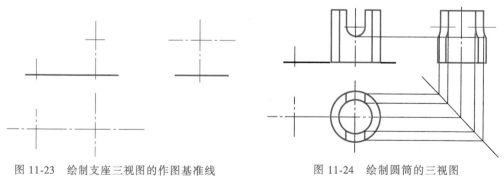

图 11-23　绘制支座三视图的作图基准线　　　　图 11-24　绘制圆筒的三视图

　　画三视图时，打开状态栏的对象追踪。俯视图和左视图的宽相等对应关系需要画一条 45°辅助线，点的对应关系可从中找到，如相贯线的交点。

　　3. 绘制底板的三视图

　　俯视图能够反映底板的实形，所以先绘制底板的俯视图，再根据长对正绘制其主视图，同样应用宽相等的对应关系，画出左视图，高平齐的对应关系可应用对象追踪来保证，如图 11-25 所示。

4. 绘制三角形肋板的视图

三角形肋板的三个视图中，主视图反映肋板的实形，所以先画主视图，然后是俯视图和左视图，如图 11-26 所示。

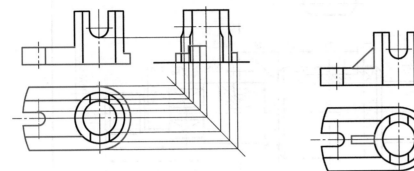
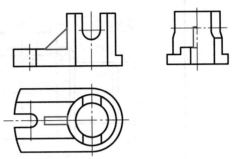

图 11-25　绘制底板的三视图　　　　　　　图 11-26　绘制三角形肋板的三视图

5. 绘制剖面线并标注尺寸

注意两个视图中的剖面线方向相同、间隔相等。标注尺寸时，注意小尺寸在里面，如 7mm 在里面，38mm 在外面，结果如图 11-27 所示。

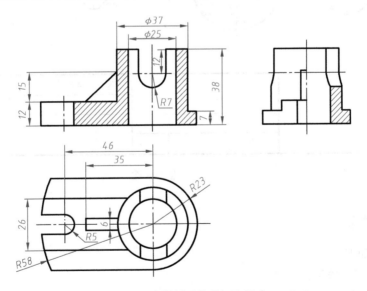

图 11-27　绘制剖面线并标注尺寸

任务 11.4　零件图的绘制

任务描述：绘制如图 11-28 所示的轴零件图。

任务目标：掌握零件图的画法及技术要求的标注。

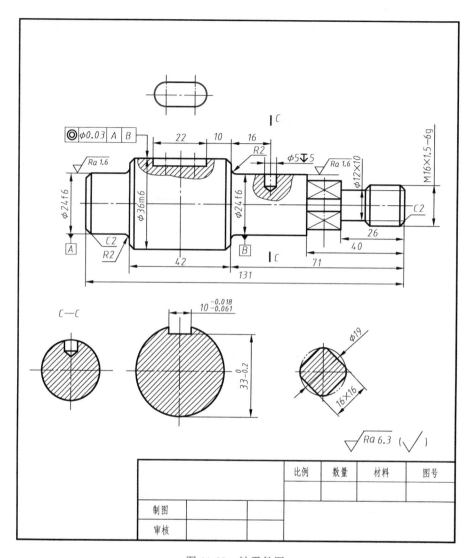

图 11-28   轴零件图

【知识链接】

作图步骤如下：

1. 绘制图框，填写标题栏

1）图框的画法。按照国家标准规定，根据零件的尺寸大小选择合适的图框，现以 A4、留装订边为例，如图 11-29 所示。也可以将常用的 A4 图框设置成"块"，将标题栏的内容设置为"属性"，用的时候插入、编辑更方便。

2）块的定义。单击"常用"工具栏中的"块"→"创建"命令；在打开的"块定义"对话框中定义块的名称，单击"选择对象"按钮后选择图框和标题栏，如图 11-30 所示。

3）将标题栏中的内容设置为"属性"，方便填写时编辑。单击"块编辑器"→"属性定义"命令，打开"属性定义"对话框，如图 11-31 所示，将签名、日期、比例、材料、图号、数量和校名等设置成"属性"。修改"属性"时，双击所要修改的内容，输入修改的内容即可，如图 11-32 所示。

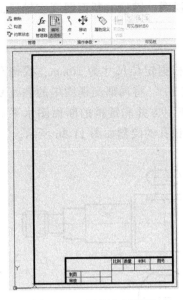

图 11-29 图框和标题栏

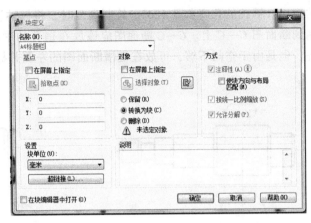

图 11-30 块定义（A4 图框）

图 11-31 标题栏的属性定义

图 11-32 修改属性

2. 绘制轴的主视图

1) 绘制轴的主视图时，从轴的左端面中心点 a 画起，向上 12mm 到 b 点，向右 18mm 到 c 点，向下回到中心线 d 点，由 d 点向上 18mm 到 e 点，向右 42mm 到 f 点，向下到 g 点，依次类推，如图 11-33 所示。

2) 镜像，倒角，倒圆角，并画出右边的退刀槽和螺纹 M16×1.5-6g，如图 11-34 所示。

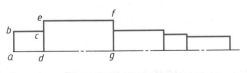

图 11-33 绘制轴的主视图第一步

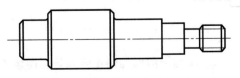

图 11-34 绘制轴的主视图第二步

3. 绘制键槽的局部剖视图及键槽的断面图

$\phi36\text{mm}$ 轴段上的键槽是半圆键槽，槽宽为 10mm，槽长为 22mm，深度为 3mm，键槽的定位尺寸为 10mm，在正对键槽的上面，画出键槽的局部剖视图，键槽的断面图画在轴段的正下方，键槽的绘制如图 11-35 所示。

4. 绘制销孔的局部剖视图和断面图并标注

绘制右边 $\phi24\text{mm}$ 轴段上的销孔 $\phi5\text{mm}$，深度为 5mm，根据定位尺寸为 16mm，找销孔的中心，销孔的孔底角是 120°。绘制底角时，将极轴设置成 30°。将局部剖视图中的底孔复制到断面图 $C—C$ 上。$C—C$ 断面图应该放在销孔的中心线正下方并和键槽的断面图水平对齐，但是由于空间不够，可放在键槽断面图的左侧并标注。销孔的绘制如图 11-36 所示。

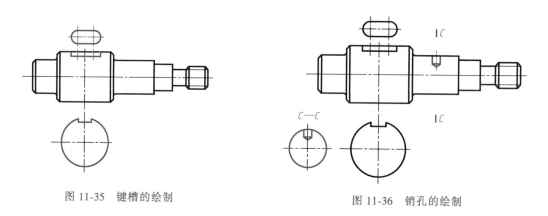

图 11-35　键槽的绘制　　　　　　　　　　图 11-36　销孔的绘制

5. 绘制轴段 $\phi19\text{mm}$ 表面的平面，断面为 16mm×16mm 的正四边形

为了方便对齐关系，正四边形的断面图 16mm×16mm 的平面先画在轴的右边，每个边与水平面成45°，所以先画 45°辅助线，并将辅助线偏移8mm，得到距离为 16mm 的正四边形的对边投影。通过镜像得到 16mm×16mm 的四边形，如图 11-37 所示。然后再将断面图移动到该轴段的正下方，将投影按机械制图国家标准进行修改。16mm×16mm 平面修改后如图 11-38 所示。

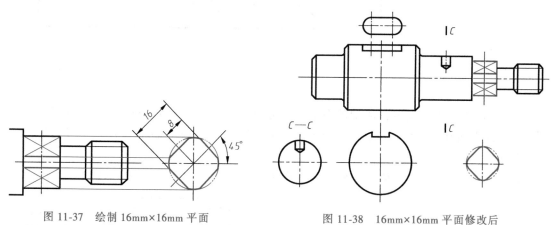

图 11-37　绘制 16mm×16mm 平面　　　　图 11-38　16mm×16mm 平面修改后

6. 给轴上的局部剖视图和断面图填充剖面线

局部剖视图的边界用样条曲线绘制。注意所有剖面区域的剖面线方向都一致。单击

"常用"工具栏中的"绘图"→"图案填充",将"图案填充"对话框中的"比例"设置成
"0.5",添加拾取点(在所要填充图案的封闭区域内选择任意一点),"图案样式"选择"ANSI31"。填充结果如图11-39所示。

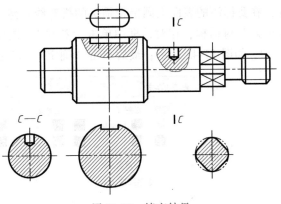

7. 标注表面粗糙度及几何公差

标注表面粗糙度需要创建块,创建块的步骤如下:

1)绘制表面粗糙度符号。将极轴设置为30°,打开极轴模式,用细实线绘制符号,如图11-40所示。

图 11-39 填充结果

2)定义属性。将表面粗糙度参数定义为属性。单击"块编辑器"→"属性定义",打开"属性定义"对话框,将表面粗糙度的所有参数,如加工方法、粗糙度数值、加工余量、加工方向等定义为属性。通常表面粗糙度的属性如图11-41所示。

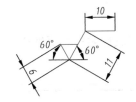

图 11-40 绘制表面粗糙度符号

图 11-41 表面粗糙度的属性

标注时,在"块"工具栏中选择"插入"命令,打开"插入"对话框;在对话框中单击"浏览",选择粗糙度符号,并在对话框中的"旋转"选项栏中选中"在屏幕上指定"选项,"插入点"选项栏中选中"在屏幕上指定",如图11-42所示。在选定的位置插入表面粗糙度符号后,编辑各参数即可。

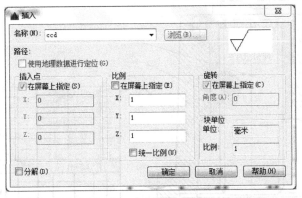

图 11-42 表面粗糙度的插入

3)带公差尺寸的标注。将表示基准的符号创建为块,并将基准面符号 *A*、*B* 定义为属性。标准基准时,将块插入到合适的位置即可。用"线性"标注命令标注"ϕ24f6""M16×

1.5-6g" "ϕ12×10"。标注左上角同轴度公差时，在菜单栏中选择"标注"→"多重引线"命令，在要标注的表面上画出带箭头的折弯线；然后选择"标注"→"公差"命令，打开"形位公差"对话框；在对话框中单击"符号"，选择同轴度，并输入公差值"ϕ0.03"及基准A、B，如图 11-43 所示；最后单击"确定"，将几何公差框格放在合适的位置即可。

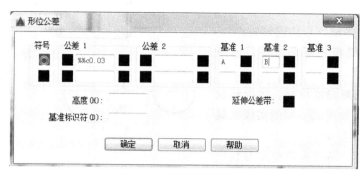

图 11-43　形位公差的标注

任务 11.5　装配图的绘制

任务描述：绘制如图 11-44 所示的千斤顶装配图，并完成标题栏和明细栏。

任务目标：掌握装配图的规定画法。

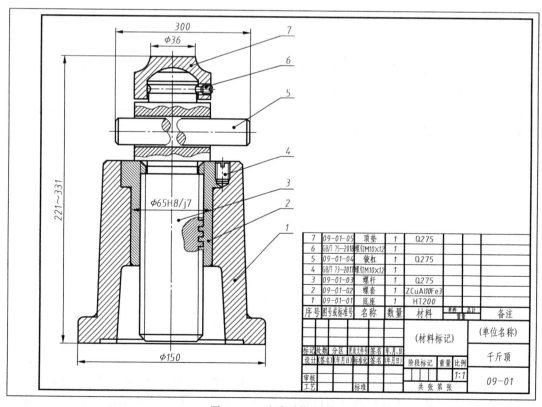

图 11-44　千斤顶装配图

▶【知识链接】

　　绘制装配图时，先按照装配图的零件组成，绘制各零件图，其中标准件不用另外绘制零件图。将零件图组装成装配图，组装时注意零件之间的连接关系、配合面与定位点。从装配图中可以看出，千斤顶由7个零件组成，有两个螺钉。螺钉是标准件，不用画零件图，其余底座、螺套、螺杆、铰杠、顶垫五个零件的零件图如图 11-45～图 11-48 所示。零件图按照 1∶1 的比例绘制。

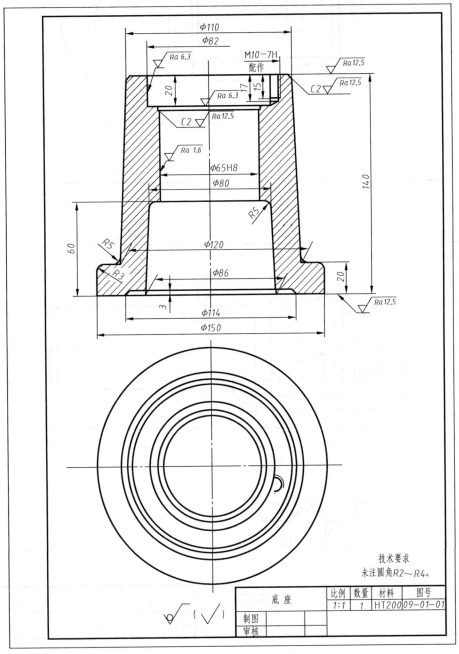

图 11-45　底座零件图

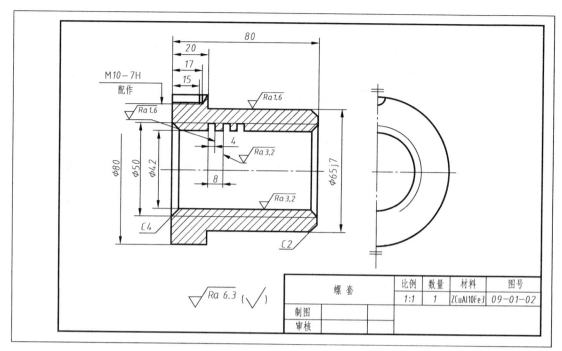

图 11-46　螺套零件图

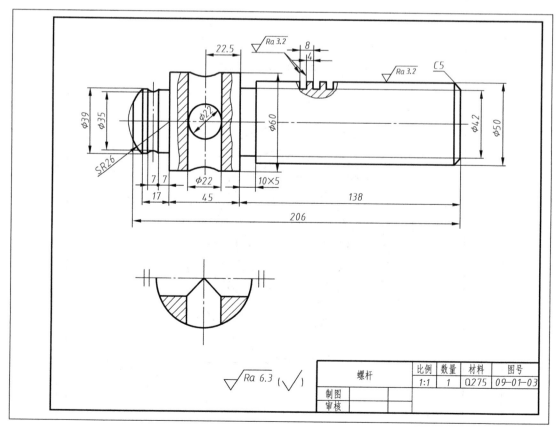

图 11-47　螺杆零件图

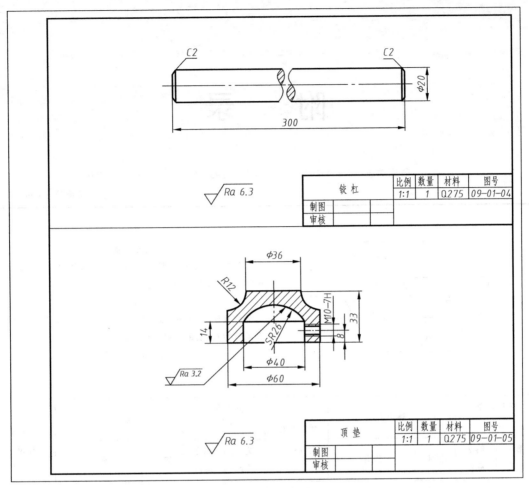

图 11-48 铰杠和顶垫零件图

装配图中标注必要的尺寸。

绘制装配图的顺序如下：

1）先将底座放好。

2）将螺套按装配方式装入底座中，注意螺钉孔的位置。选择螺套的上表面中心点和底座的上表面中心点重合。

3）装入螺杆，定位点是螺杆的退刀槽和螺套上表面平齐的中心点。

4）铰杠的装配没有特殊限制。

5）顶垫装配时，配合面是球面弧，所以定位点是球面弧的顶点，注意螺钉的位置。

6）按照预留的紧定螺钉的位置画两个紧定螺钉，注意紧定螺钉 4 的底端不能和孔的底端接触。

7）视装配图的大小选择合适的图纸幅面。零件组装时的比例为 1：1，装配后可选择合适的比例进行缩放。

8）标注必要的尺寸，并填写明细栏、标题栏及技术要求。

完整的装配图如图 11-44 所示。

附　　录

附表 1　普通螺纹（GB/T 192—2003、GB/T 193—2003、GB/T 196—2003）

（单位：mm）

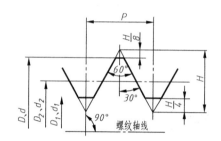

标记示例

公称直径为16mm、螺距为2mm、中径和顶径公差带均为6H、右旋的粗牙普通螺纹：

M16-6H

公称直径为16mm、螺距为1.5mm、中径公差带为5g、顶径公差带为6g、右旋的细牙普通螺纹：

M16×1.5-5g 6g

公称直径 D、d		螺距 P		粗牙小径 D_1、d_1	公称直径 D、d		螺距 P		粗牙小径 D_1、d_1
第1系列	第2系列	粗牙	细牙		第1系列	第2系列	粗牙	细牙	
3		0.5	0.35	2.459		22	2.5	2,1.5,1	19.294
	3.5	0.6		2.850	24		3		20.752
4		0.7	0.5	3.242		27			23.752
	4.5	0.75		3.688					
5		0.8		4.134	30		3.5	(3),2,1.5,1	26.211
6		1	0.75	4.917		33		(3),2,1.5	29.211
	7			5.917					
8		1.25	1,0.75	6.647	36		4	3,2,1.5	31.670
10		1.5	1.25,1,0.75	8.376		39			34.670
12		1.75	1.25,1	10.106	42		4.5	4,3,2,1.5	37.129
	14	2	1.5,1.25*,1	11.835		45			40.129
16			1.5,1	13.835	48		5		42.587
	18	2.5	2,1.5,1	15.294		52			46.587
20				17.294	56		5.5		50.046

注：1. 优先选用第1系列，括号内的尺寸尽可能不用。

2. 带 * 号的仅用于发动机的火花塞。

附表2　55°非密封管螺纹（GB/T 7307—2001）　（单位：mm）

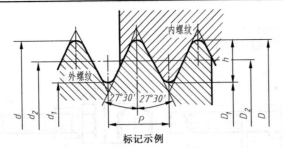

标记示例

尺寸代号为1/2、右旋的55°非密封管螺纹：G1/2

尺寸代号为1¼、公差等级为A级、左旋的55°非密封管螺纹

密封的管螺纹：G1¼A-LH

尺寸代号	每25.4mm 内的牙数 n	螺距 P	牙高 h	基本直径		
				大径 $d = D$	中径 $d_2 = D_2$	小径 $d_1 = D_1$
1/16	28	0.907	0.581	7.723	7.142	6.561
1/8	28	0.907	0.581	9.728	9.147	8.566
1/4	19	1.337	0.856	13.157	12.301	11.445
3/8	19	1.337	0.856	16.662	15.806	14.950
1/2	14	1.814	1.162	20.955	19.793	18.631
5/8	14	1.814	1.162	22.911	21.749	20.587
3/4	14	1.814	1.162	26.441	25.279	24.117
7/8	14	1.814	1.162	30.201	29.039	27.877
1	11	2.309	1.479	33.249	31.770	30.291
1⅛	11	2.309	1.479	37.897	36.418	34.939
1¼	11	2.309	1.479	41.910	40.431	38.952
1½	11	2.309	1.479	47.803	46.324	44.845
1¾	11	2.309	1.479	53.746	52.267	50.788
2	11	2.309	1.479	59.614	58.135	56.656
2¼	11	2.309	1.479	65.710	64.231	62.752
2½	11	2.309	1.479	75.184	73.705	72.226
2¾	11	2.309	1.479	81.534	80.055	78.576
3	11	2.309	1.479	87.884	86.405	84.926
3½	11	2.309	1.479	100.380	98.851	97.372
4	11	2.309	1.479	113.030	111.551	110.072
4½	11	2.309	1.479	125.730	124.251	122.772
5	11	2.309	1.479	138.430	136.951	135.472
5½	11	2.309	1.479	151.130	149.651	148.172
6	11	2.309	1.479	163.830	162.351	160.872

注：螺纹的公差未列入。

附表 3　六角头螺栓　　　　　　　　　　（单位：mm）

六角头螺栓（GB/T 5782—2016）
六角头螺栓　全螺纹（GB/T 5783—2016）

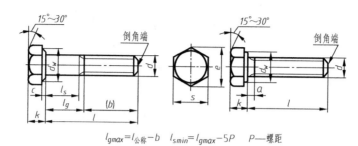

$l_{gmax} = l_{公称} - b$　　$l_{smin} = l_{gmax} - 5P$　　P—螺距

标记示例

螺纹规格为 M12、公称长度 $l = 80$mm、性能等级为 8.8 级、表面不经处理、产品等级为 A 级的六角头螺栓：

螺栓　GB/T 5782　M12×80

螺纹规格 d			M3	M4	M5	M6	M8	M10	M12	M16	M20	M24	M30	M36
e_{min}	产品等级	A	6.01	7.66	8.79	11.05	14.38	17.77	20.03	26.75	33.53	39.98	—	—
		B	5.88	7.5	8.63	10.89	14.20	17.59	19.85	26.17	32.95	39.55	50.85	60.79
s_{max} = 公称			5.5	7	8	10	13	16	18	24	30	36	46	55
k 公称			2	2.8	3.5	4	5.3	6.4	7.5	10	12.5	15	18.7	22.5
c	max		0.4	0.4	0.5	0.5	0.6	0.6	0.6	0.8	0.8	0.8	0.8	0.8
	min		0.15	0.15	0.15	0.15	0.15	0.15	0.15	0.2	0.2	0.2	0.2	0.2
d_w min	产品等级	A	4.57	5.88	6.88	8.88	11.63	14.63	16.63	22.49	28.19	33.61	—	—
		B	4.45	5.74	6.74	8.74	11.47	14.47	16.47	22	27.7	33.25	42.75	51.11
GB/T 5782	b 参考	$l \le 125$	12	14	16	18	22	26	30	38	46	54	66	—
		$125 < l \le 200$	18	20	22	24	28	32	36	44	52	60	72	84
		$l > 200$	31	33	35	37	41	45	49	57	65	73	85	97
		l 公称	20~30	25~40	25~50	30~60	40~80	45~100	50~120	65~160	80~200	90~240	110~300	140~360
GB/T 5783	a_{max}		1.5	2.1	2.4	3	4	4.5	5.3	6	7.5	9	10.5	12
	l 公称		6~30	8~40	10~50	12~60	16~80	20~100	25~120	30~150	40~150	50~150	60~200	70~200
l（系列）			6,8,10,12,16,20,25,30,35,40,45,50,55,60,65,70,80,90,100,110,120,130,140,150,160,180,200,220,240,260,280,300,320,340,360,380,400,420,440,460,480,500											

附表4 1型六角螺母——A 和 B 级 (GB/T 6170—2015)　　(单位：mm)

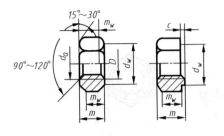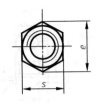

标记示例

螺纹规格为 M12、性能等级为 8 级、表面不经处理、产品等级为 A 级的 1 型六角螺母：

螺母　GB/T 6170　M12

螺纹规格 D		M1.6	M2	M2.5	M3	M4	M5	M6	M8	M10	M12
c	max	0.2	0.2	0.3	0.4	0.4	0.5	0.5	0.6	0.6	0.6
d_a	max	1.84	2.3	2.9	3.45	4.6	5.75	6.75	8.75	10.8	13
	min	1.6	2	2.5	3	4	5	6	8	10	12
d_w	min	2.4	3.1	4.1	4.6	5.9	6.9	8.9	11.6	14.6	16.6
e	min	3.41	4.32	5.45	6.01	7.66	8.79	11.05	14.38	17.77	20.03
m	max	1.3	1.6	2	2.4	3.2	4.7	5.2	6.8	8.4	10.8
	min	1.05	1.35	1.75	2.15	2.9	4.4	4.9	6.44	8.04	10.37
m_w	min	0.8	1.1	1.4	1.7	2.3	3.5	3.9	5.2	6.4	8.3
s	max	3.2	4	5	5.5	7	8	10	13	16	18
	min	3.02	3.82	4.82	5.32	6.78	7.78	9.78	12.73	15.73	17.73

螺纹规格 D		M16	M20	M24	M30	M36	M42	M48	M56	M64
c	max	0.8	0.8	0.8	0.8	0.8	1	1	1	1
d_a	max	17.3	21.6	25.9	32.4	38.9	45.4	51.8	60.5	69.1
	min	16	20	24	30	36	42	48	56	64
d_w	min	22.5	27.7	33.3	42.8	51.1	60	69.5	78.7	88.2
e	min	26.75	32.95	39.55	50.85	60.79	72.3	82.6	93.56	104.86
m	max	14.8	18	21.5	25.6	31	34	38	45	51
	min	14.1	16.9	20.2	24.3	29.4	32.4	36.4	43.4	49.1
m_w	min	11.3	13.5	16.2	19.4	23.5	25.9	29.1	34.7	39.3
s	max	24	30	36	46	55	65	75	85	95
	min	23.67	29.16	35	45	53.8	63.1	73.1	82.8	92.8

注：1. A 级用于 $D \leqslant 16$mm 的螺母；B 级用于 $D > 16$mm 的螺母。本表仅按商品规格和通用规格列出。

2. 螺纹规格为 M8~M64、细牙、A 级和 B 级的 1 型六角螺母，请查阅 GB/T 6171—2016。

附表5　1型六角开槽螺母——A和B级（GB 6178—1986）　　　　（单位：mm）

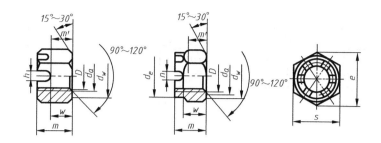

标记示例

螺纹规格D＝M5、性能等级为8级、不经表面处理、A级的1型六角开槽螺母：

螺母　GB 6178　M5

螺纹规格 D		M4	M5	M6	M8	M10	M12	M16	M20	M24	M30	M36
d_a	max	4.6	5.75	6.75	8.75	10.8	13	17.3	21.6	25.9	32.4	38.9
	min	4	5	6	8	10	12	16	20	24	30	36
d_e	max	—	—	—	—	—	—	—	28	34	42	50
	min	—	—	—	—	—	—	—	27.16	33	41	49
d_w	min	5.9	6.9	8.9	11.6	14.6	16.6	22.5	27.7	33.2	42.7	51.1
e	min	7.66	8.79	11.05	14.38	17.77	20.03	26.75	32.95	39.55	50.85	60.79
m	max	5	6.7	7.7	9.8	12.4	15.8	20.8	24	29.5	34.6	40
	min	4.7	6.4	7.34	9.44	11.97	15.37	20.28	23.16	28.66	33.6	39
m'	min	2.32	3.52	3.92	5.15	6.43	8.3	11.28	13.52	16.16	19.44	23.52
n	min	1.2	1.4	2	2.5	2.8	3.5	4.5	4.5	5.5	7	7
	max	1.8	2	2.6	3.1	3.4	4.25	5.7	5.7	6.7	8.5	8.5
s	max	7	8	10	13	16	18	24	30	36	46	55
	min	6.78	7.78	9.78	12.73	15.73	17.73	23.67	29.16	35	45	53.8
w	max	3.2	4.7	5.2	6.8	8.4	10.8	14.8	18	21.5	25.6	31
	min	2.9	4.4	4.9	6.44	8.04	10.37	14.37	17.37	20.88	24.98	30.38
开口槽		1×10	1.2×12	1.6×14	2×16	2.5×20	3.2×22	4×28	4×36	5×40	6.3×50	6.3×63

注：A级用于D≤16mm的螺母；B级用于D>16mm的螺母。螺纹规格D＝M14的螺母尽可能不采用，本表未列入。

附表 6 垫圈 （单位：mm）

小垫圈 A 级（GB/T 848—2002）、平垫圈 A 级（GB/T 97.1—2002）
平垫圈 倒角型 A 级（GB/T 97.2—2002）、大垫圈 A 级（GB/T 96.1—2002）

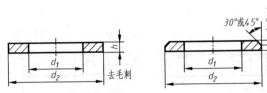

标记示例

标准系列、公称规格 8mm、硬度等级为 200HV 级、不经表面处理、产品等级为 A 级的平垫圈：

垫圈 GB/T 97.1 8

公称规格（螺纹大径 d）			1.6	2	2.5	3	4	5	6	8	10	12	14	16	20	24	30	36
内径 d_1	max	GB/T 848	1.84	2.34	2.84	3.38	4.48	5.48	6.62	8.62	10.77	13.27	15.27	17.27	21.33	25.33	31.39	37.62
		GB/T 97.1																
		GB/T 97.2	—	—	—	—	—									25.52	34	40
		GB/T 96.1	—	—	—	3.38	4.48											
	公称（min）	GB/T 848	1.7	2.2	2.7	3.2	4.3	5.3	6.4	8.4	10.5	13	15	17	21	25	31	37
		GB/T 97.1																
		GB/T 97.2	—	—	—	—	—										33	39
		GB/T 96.1	—	—	—	3.2	4.3											
外径 d_2	公称（max）	GB/T 848	3.5	4.5	5	6	8	9	11	15	18	20	24	28	34	39	50	60
		GB/T 97.1	4	5	6	7	9	10	12	16	20	24	28	30	37	44	56	66
		GB/T 97.2	—	—	—	—	—											
		GB/T 96.1	—	—	—	9	12	15	18	24	30	37	44	50	60	72	92	110
	min	GB/T 848	3.2	4.2	4.7	5.7	7.64	8.64	10.57	14.57	17.57	19.48	23.48	27.48	33.38	38.38	49.38	58.8
		GB/T 97.1	3.7	4.7	5.7	6.64	8.64	9.64	11.57	15.57	19.48	23.48	27.48	29.48	36.38	43.38	55.26	64.8
		GB/T 97.2	—	—	—	—	—											
		GB/T 96.1	—	—	—	8.64	11.57	14.57	17.57	23.48	29.48	36.38	43.38	49.38	59.26	70.8	90.6	108.6
厚度 h	公称	GB/T 848	0.3	0.3	0.5	0.5	0.5	1	1.6	1.6	1.6	2	2.5	2.5	2.5	3	4	5
		GB/T 97.1					0.8				2	2.5		3				
		GB/T 97.2	—	—	—	—	—											
		GB/T 96.1	—	—	—	0.8	1	1.6	2	2.5	3	3	3	4	5	6	8	
	max	GB/T 848	0.35	0.35	0.55	0.55	0.55	1.1	1.8	1.8	1.8	2.2	2.7	2.7	2.7	3.3	4.3	4.3	5.6
		GB/T 97.1					0.9				2.2	2.7		3.3				
		GB/T 97.2	—	—	—	—	—											
		GB/T 96.1	—	—	—	0.9	1.1	1.6	2.2	2.7	3.3	3.3	3.3	4.3	5.6	6.6	9	
	min	GB/T 848	0.25	0.25	0.45	0.45	0.45	0.9	1.4	1.4	1.4	1.8	2.3	2.3	2.3	2.7	3.7	3.7	4.4
		GB/T 97.1					0.7				1.8	2.3		2.7				
		GB/T 97.2	—	—	—	—	—											
		GB/T 96.1	—	—	—	0.7	0.9	1.4	1.8	2.3	2.7	2.7	2.7	3.7	4.4	5.4	7	

附表 7　双头螺柱　　　　　　　　　　　　　　　　　　　（单位：mm）

$b_m = 1d$ (GB/T 897—1988)

$b_m = 1.25d$ (GB/T 898—1988)

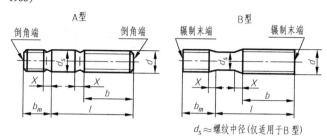

$d_s \approx$ 螺纹中径(仅适用于B型)

标记示例

两端均为粗牙普通螺纹、$d = 10$mm、$l = 50$mm、性能等级为 4.8 级、不经表面处理、B 型、$b_m = 1d$ 的双头螺柱：

　　　　　　螺柱　GB/T 897　M10×50

两端均为粗牙普通螺纹、$d = 10$mm、$l = 50$mm、性能等级为 4.8 级、不经表面处理、B 型、$b_m = 1.25d$ 的双头螺柱：

　　　　　　螺柱　GB/T 898　M10×50

旋入机体一端为粗牙普通螺纹、旋螺母一端为螺距 $P = 1$mm 的细牙普通螺纹、$d = 10$mm、$l = 50$mm、性能等级为 4.8 级、不经表面处理、A 型、$b_m = 1.25d$ 的双头螺柱：

　　　　　　螺柱　GB/T 898　AM10—M10×1×50

螺纹规格	b_m 公称		d_s		X	b	l 公称
d	GB/T 897	GB/T 898	max	min	max		
M5	5	6	5	4.7		10	16~22
						16	25~50
M6	6	8	6	5.7		10	20~22
						14	25~30
						18	32~75
M8	8	10	8	7.64		12	20~22
						16	25~30
						22	32~90
M10	10	12	10	9.64		14	25~28
						16	30~38
						26	40~120
					2.5P	32	130
M12	12	15	12	11.57		16	25~30
						20	32~40
						30	45~120
						36	130~180
M16	16	20	16	15.57		20	30~38
						30	40~55
						38	60~120
						44	130~200
M20	20	25	20	19.48		25	35~40
						35	45~65
						46	70~120
						52	130~200
l(系列)	16,(18),20,(22),25,(28),30,(32),35,(38),40,45,50,(55),60,(65),70,(75),80,(85),90,(95),100,110,120,130,140,150,160,170,180,190,200,210,220,230,240,250,260,280,300						

附表8 开槽圆柱头螺钉（GB/T 65—2016） （单位：mm）

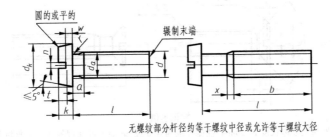

无螺纹部分杆径约等于螺纹中径或允许等于螺纹大径

标记示例

螺纹规格为 M5、公称长度 $l=20mm$、性能等级为 4.8 级、不经表面处理的 A 级开槽圆柱头螺钉：

螺钉 GB/T 65 M5×20

螺纹规格 d		M1.6	M2	M2.5	M3	M4	M5	M6	M8	M10
P		0.35	0.4	0.45	0.5	0.7	0.8	1	1.25	1.5
a max		0.7	0.8	0.9	1	1.4	1.6	2	2.5	3
b min		25	25	25	25	38	38	38	38	38
d_k	max	3.2	4	4.5	5.5	7	8.5	10	13	16
	min	2.86	3.62	4.32	5.32	6.78	8.28	9.78	12.73	15.73
d_a max		2	2.6	3.1	3.6	4.7	5.7	6.8	9.2	11.2
k	max	1	1.4	1.8	2	2.6	3.3	3.9	5	6
	min	0.96	1.26	1.66	1.86	2.46	3.12	3.6	4.7	5.7
n	公称	0.4	0.5	0.6	0.8	1.2	1.2	1.6	2	2.5
	min	0.46	0.56	0.66	0.86	1.26	1.28	1.66	2.06	2.56
	max	0.6	0.7	0.8	1	1.51	1.51	1.91	2.31	2.81
r min		0.1	0.1	0.1	0.1	0.2	0.2	0.25	0.4	0.4
t min		0.45	0.6	0.7	0.85	1.1	1.3	1.6	2.0	2.4
w min		0.4	0.5	0.7	0.75	1.1	1.3	1.6	2.0	2.4
x max		0.9	1	1.1	1.25	1.75	2	2.5	3.2	3.8
l(商品规格范围公称长度)		2~16	3~20	3~25	4~30	5~40	6~50	8~60	10~80	12~80
l(系列)		2,3,4,5,6,8,10,12,(14),16,20,25,30,35,40,45,50,(55),60,(65),70,(75),80								

注：1. P—螺距。

2. 螺纹规格为 M1.6~M3、公称长度 $l \leqslant 30mm$ 的螺钉，应制出全螺纹；螺纹规格为 M4~M10、公称长度 $l \leqslant 40mm$ 的螺钉，应制出全螺纹，$b=l-a$。

3. 尽可能不采用括号内的规格。

附表 9　开槽沉头螺钉（GB/T 68—2016）　　　　　　（单位：mm）

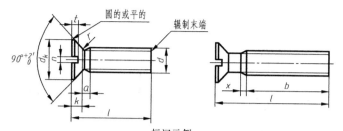

螺纹规格为 M5、公称长度 *l*=20mm、性能等级为 4.8 级、表面不经处理的 A 级开槽沉头螺钉：

螺钉　GB/T 68　M5×20

螺纹规格 *d*			M1.6	M2	M2.5	M3	M4	M5	M6	M8	M10
P			0.35	0.4	0.45	0.5	0.7	0.8	1	1.25	1.5
a　max			0.7	0.8	0.9	1	1.4	1.6	2	2.5	3
b　min			25				38				
*d*k	理论值　max		3.6	4.4	5.5	6.3	9.4	10.4	12.6	17.3	20
	实际值	max	3	3.8	4.7	5.5	8.4	9.3	11.3	15.8	18.3
		min	2.7	3.5	4.4	5.2	8.04	8.94	10.87	15.37	17.78
k　max			1	1.2	1.5	1.65	2.7	2.7	3.3	4.65	5
n	公称		0.4	0.5	0.6	0.8	1.2	1.2	1.6	2	2.5
	min		0.46	0.56	0.66	0.86	1.26	1.26	1.66	2.06	2.56
	max		0.6	0.7	0.8	1	1.51	1.51	1.91	2.31	2.81
r　max			0.4	0.5	0.6	0.8	1	1.3	1.5	2	2.5
x　max			0.9	1	1.1	1.25	1.75	2	2.5	3.2	3.8
t	max		0.5	0.6	0.75	0.85	1.3	1.4	1.6	2.3	2.6
	min		0.32	0.4	0.5	0.6	1	1.1	1.2	1.8	2
l(商品规格范围公称长度)			2.5~16	3~20	4~25	5~30	6~40	8~50	8~60	10~80	12~80
l(系列)			2.5,3,4,5,6,8,10,12,(14),16,20,25,30,35,40,45,50,(55),60,(65),70,(75),80								

注：1. *P*—螺距。

2. 公称长度 *l*≤30mm、螺纹规格为 M1.6~M3 的螺钉，应制出全螺纹；公称长度 *l*≤45mm、螺纹规格为 M4~M10 的螺钉也应制出全螺纹，*b*=*l*-(*k*+*a*)。

3. 尽可能不采用括号内的规格。

附表 10　紧定螺钉　　　　　　　　（单位：mm）

开槽锥端紧定螺钉　　开槽平端紧定螺钉　　开槽长圆柱端紧定螺钉
（GB/T 71—2018）　　（GB/T 73—2017）　　（GB/T 75—2018）

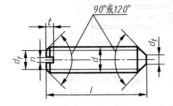 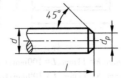 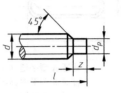

标记示例

螺纹规格为 M5、公称长度 l=12mm、性能等级为 14H 级、表面不经处理、产品等级为 A 级的开槽锥端紧定螺钉：

螺钉　GB/T 71　M5×12

螺纹规格 d		M1.6	M2	M2.5	M3	M4	M5	M6	M8	M10	M12
d_f　max		螺纹小径									
n 公称		0.25	0.25	0.4	0.4	0.6	0.8	1	1.2	1.6	2
t　max		0.74	0.84	0.95	1.05	1.42	1.63	2	2.5	3	3.6
d_t　max		0.16	0.2	0.25	0.3	0.4	0.5	1.5	2	2.5	3
d_p　max		0.8	1	1.5	2	2.5	3.5	4	5.5	7	8.5
z　max		1.05	1.25	1.5	1.75	2.25	2.75	3.25	4.3	5.3	6.3
l	GB/T 71	2~8	3~10	3~12	4~16	6~20	8~25	8~30	10~40	12~50	14~60
	GB/T 73	2~8	2~10	2.5~12	3~16	4~20	5~25	6~30	8~40	10~50	12~60
	GB/T 75	2.5~8	3~10	4~12	5~16	6~20	8~25	8~30	10~40	12~50	14~60
l(系列)		2,2.5,3,4,5,6,8,10,12,(14),16,20,25,30,35,40,45,50,55,60									

注：尽可能不采用括号内的规格。

附表 11　平键及键槽的剖面尺寸　　　　（单位：mm）

平键　键槽的剖面尺寸（GB/T 1095—2003）
普通型　平键（GB/T 1096—2003）

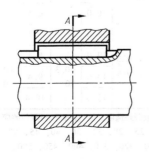 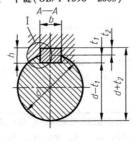 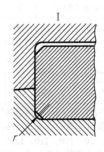

（续）

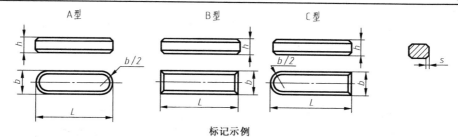

标记示例

普通 A 型平键、$b=18\mathrm{mm}$、$h=11\mathrm{mm}$、$L=100\mathrm{mm}$；GB/T 1096　键 18×11×100
普通 B 型平键、$b=18\mathrm{mm}$、$h=11\mathrm{mm}$、$L=100\mathrm{mm}$；GB/T 1096　键 B 18×11×100
普通 C 型平键、$b=18\mathrm{mm}$、$h=11\mathrm{mm}$、$L=100\mathrm{mm}$；GB/T 1096　键 C 18×11×100

轴	键		键 槽										
				宽 度 b					深 度				半径 r
					极 限 偏 差				轴 t_1		毂 t_2		
公称直径 d	尺寸 $b×h$	长度 L	公称尺寸 b	松联接		正常联接		紧密联接					
				轴 H9	毂 D10	轴 N9	毂 JS9	轴和毂 P9	公称尺寸	极限偏差	公称尺寸	极限偏差	最小 最大
6~8	2×2	6~20	2	+0.025 0	+0.060 +0.020	−0.004 −0.029	±0.0125	−0.006 −0.031	1.2	+0.10	1	+0.10	0.08 0.16
>8~10	3×3	6~36	3						1.8		1.4		
>10~12	4×4	8~45	4	+0.030 0	+0.078 +0.030	0 −0.030	±0.015	−0.012 −0.042	2.5		1.8		
>12~17	5×5	10~56	5						3.0		2.3		
>17~22	6×6	14~70	6						3.5		2.8		0.16 0.25
>22~30	8×7	18~90	8	+0.036 0	+0.098 +0.040	0 −0.036	±0.018	−0.015 −0.051	4.0		3.3		
>30~38	10×8	22~110	10						5.0		3.3		
>38~44	12×8	28~140	12						5.0		3.3		
>44~50	14×9	36~160	14	+0.043 0	+0.120 +0.050	0 −0.043	±0.0215	−0.018 −0.061	5.5		3.8		0.25 0.40
>50~58	16×10	45~180	16						6.0		4.3		
>58~65	18×11	50~200	18						7.0	+0.20	4.4	+0.20	
>65~75	20×12	56~220	20						7.5		4.9		
>75~85	22×14	63~250	22	+0.052 0	+0.149 +0.065	0 −0.052	±0.026	−0.022 −0.074	9.0		5.4		
>85~95	25×14	70~280	25						9.0		5.4		0.40 0.60
>95~110	28×16	80~320	28						10.0		6.4		
>110~130	32×18	90~360	32						11.0		7.4		
>130~150	36×20	100~400	36	+0.062 0	+0.180 +0.080	0 −0.062	±0.031	−0.026 −0.088	12.0		8.4		
>150~170	40×22	100~400	40						13.0	+0.30	9.4	+0.30	0.70 1.0
>170~200	45×25	110~450	45						15.0		10.4		

注：1. $(d−t_1)$ 和 $(d+t_2)$ 两组组合尺寸的极限偏差按相应的 t_1 和 t_2 的极限偏差选取，但 $(d−t_1)$ 极限偏差应取负号（−）。
　　2. L 系列（单位为 mm）：6、8、10、12、14、16、18、20、22、25、28、32、36、40、45、50、56、63、70、80、90、100、110、125、140、160、180、200、220、250、280、320、360、400、450、500。
　　3. 平键轴槽的长度公差用 H14。

附表 12　半圆键及键槽的剖面尺寸　　　　　　　　　（单位：mm）

半圆键　键槽的剖面尺寸（GB/T 1098—2003）
普通型　半圆键（GB/T 1099.1—2003）

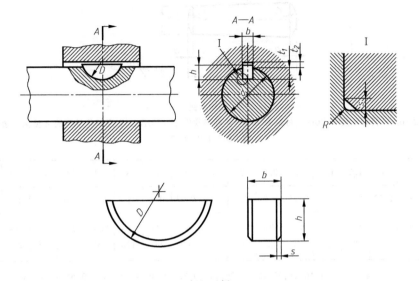

标记示例
半圆键　$b=6mm$、$h=10mm$、$D=25mm$
GB/T 1099.1　键 6×10×25

轴径 d		键	键槽									
			宽度 b				深度				半径 R	
键传递转矩	键定位用	公称尺寸 $b×h×D$	公称尺寸	极限偏差			轴 t_1		毂 t_2			
				正常联接		紧密联接						
				轴 N9	毂 JS9	轴和毂 P9	公称尺寸	极限偏差	公称尺寸	极限偏差	最小	最大
3~4	3~4	1.0×1.4×4	1.0	−0.004 −0.029	±0.0125	−0.006 −0.031	1.0	+0.1 0	0.6	+0.1 0	0.08	0.16
>4~5	>4~5	1.5×2.6×7	1.5				2.0		0.8			
>5~6	>6~8	2.0×2.6×7	2.0				1.8		1.0			
>6~7	>8~10	2.0×3.7×10	2.0				2.9		1.0			
>7~8	>10~12	2.5×3.7×10	2.5				2.7		1.2			
>8~10	>12~15	3.0×5.0×13	3.0				3.8		1.4			
>10~12	>15~18	3.0×6.5×16	3.0				5.3		1.4			
>12~14	>18~20	4.0×6.5×16	4.0	0 −0.030	±0.015	−0.012 −0.042	5.0	+0.2 0	1.8		0.16	0.25
>14~16	>20~22	4.0×7.5×19	4.0				6.0		1.8			
>16~18	>22~25	5.0×6.5×16	5.0				4.5		2.3			
>18~20	>25~28	5.0×7.5×19	5.0				5.5		2.3			
>20~22	>28~32	5.0×9.0×22	5.0				7.0		2.3			
>22~25	>32~36	6.0×9.0×22	6.0				6.5	+0.3 0	2.8	+0.2 0		
>25~28	>36~40	6.0×10.0×25	6.0				7.5		2.8			
>28~32	40	8.0×11.0×28	8.0	0 −0.036	±0.018	−0.015 −0.051	8.0		3.3		0.25	0.40
>32~38	—	10.0×13.0×32	10.0				10.0		3.3			

注：（$d-t_1$）和（$d+t_2$）两个组合尺寸的极限偏差按相应的 t_1 和 t_2 的极限偏差选取，但（$d-t_1$）极限偏差值应取负号（−）。

附表 13　圆锥销（GB/T 117—2000）　　　　　　　（单位：mm）

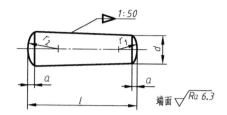

标注示例

公称直径 $d=6$mm、公称长度 $l=30$mm、材料为 35 钢、热处理硬度 28~38HRC、表面氧化处理的 A 型圆锥销：

销 GB/T 117　6×30

d(公称)	1	1.2	1.5	2	2.5	3	4	5	6	8	10	12	16	20	25	30
$a\approx$	0.12	0.16	0.2	0.25	0.3	0.4	0.5	0.63	0.8	1	1.2	1.6	2	2.5	3	4
l(商品规格范围公称长度)	6~16	6~20	8~24	10~35	10~35	12~45	14~55	18~60	22~90	22~120	26~160	32~180	40~200	45~200	50~200	55~200
l(系列)	6,8,10,12,14,16,18,20,22,24,26,28,30,32,35,40,45,50,55,60,65,70,75,80,85,90,95,100,120,140,160,180,200															

附表 14　圆柱销（GB/T 119.1~2—2000）　　　　　　　（单位：mm）

圆柱销　不淬硬钢和奥氏体不锈钢（GB/T 119.1—2000）

圆柱销　淬硬钢和马氏体不锈钢（GB/T 119.2—2000）

标注示例

公称直径 $d=6$mm、公差为 m6、公称长度 $l=30$mm、材料为钢、不经淬火、不经表面处理的圆柱销：

销　GB/T 119.1　6 m6×30

d	GB/T 119.1	1	1.2	1.5	2	2.5	3	4	5	6	8	10	12	16	20	25	30
	GB/T 119.2	1	—	1.5	2	2.5	3	4	5	6	8	10	12	16	20	—	—
$c\approx$		0.2	0.25	0.3	0.35	0.4	0.5	0.63	0.8	1.2	1.6	2	2.5	3	3.5	4	5
l(商品规格范围公称长度) GB/T 119.1		4~10	4~12	4~16	6~20	6~24	8~30	8~40	10~50	12~60	14~80	18~95	22~140	26~180	35~200	50~200	60~200
l(系列)		4,5,6,8,10,12,14,16,18,20,22,24,26,28,30,32,35,40,45,50,55,60,65,70,75,80,85,90,95,100,120,140,160,180,200																

附表 15 深沟球轴承外形尺寸 (GB/T 276—2013) （单位：mm）

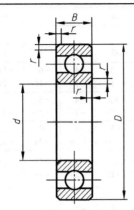

深沟球轴承60000型

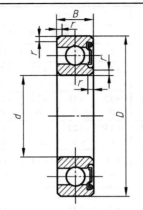

一面带防尘盖的深沟
球轴承60000-Z型

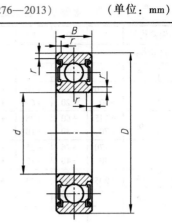

两面带防尘盖的深沟
球轴承60000-2Z型

轴承型号			外形尺寸			
60000 型	60000-Z 型	60000-2Z 型	d	D	B	r_{smin}
617/0.6	—	—	0.6	2	0.8	0.05
617/1	—	—	1	2.5	1	0.05
617/1.5	—	—	1.5	3	1	0.05
617/2	—	—	2	4	1.2	0.05
617/2.5	—	—	2.5	5	1.5	0.08
617/3	617/3-Z	617/3-2Z	3	6	2	0.08
617/4	617/4-Z	617/4-2Z	4	7	2	0.08
617/5	617/5-Z	617/5-2Z	5	8	2	0.08
617/6	617/6-Z	617/6-2Z	6	10	2.5	0.1
617/7	617/7-Z	617/7-2Z	7	11	2.5	0.1
617/8	617/8-Z	617/8-2Z	8	12	2.5	0.1
617/9	617/9-Z	617/9-2Z	9	14	3	0.1
61700	61700-Z	61700-2Z	10	15	3	0.1
637/1.5	—	—	1.5	3	1.8	0.05
637/2	—	—	2	4	2	0.05
637/2.5	—	—	2.5	5	2.3	0.08
637/3	637/3-Z	637/3-2Z	3	6	3	0.08
637/4	637/4-Z	637/4-2Z	4	7	3	0.08
637/5	637/5-Z	637/5-2Z	5	8	3	0.08
637/6	637/6-Z	637/6-2Z	6	10	3.5	0.1
637/7	637/7-Z	637/7-2Z	7	11	3.5	0.1
637/8	637/8-Z	637/8-2Z	8	12	3.5	0.1
637/9	637/9-Z	637/9-2Z	9	14	4.5	0.1
63700	63700-Z	63700-2Z	10	15	4.5	0.1

附表 16 标准公差数值 (GB/T 1800.1—2009) （单位：μm）

公称尺寸 /mm	标准公差等级							
	IT5	IT6	IT7	IT8	IT9	IT10	IT11	IT12
>6~10	6	9	15	22	36	58	90	150
>10~18	8	11	18	27	43	70	110	180
>18~30	9	13	21	33	52	84	130	210
>30~50	11	16	25	39	62	100	160	250
>50~80	13	19	30	46	74	120	190	300
>80~120	15	22	35	54	87	140	220	350
>120~180	18	25	40	63	100	160	250	400
>180~250	20	29	46	72	115	185	290	460
>250~315	23	32	52	81	130	210	320	520
>315~400	25	36	57	89	140	230	360	570
>400~500	27	40	63	97	155	250	400	630

附表 17　优先选用的孔的极限偏差数值（GB/T 1800.2—2009）　　（单位：μm）

基本偏差代号		C	D	F	G	H				K	N	P	S	U
公称尺寸/mm		标准公差等级												
大于	至	11	9	8	7	7	8	9	11	7	7	7	7	7
—	3	+120 +60	+45 +20	+20 +6	+12 +2	+10 0	+14 0	+25 0	+60 0	0 −10	−4 −14	−6 −16	−14 −24	−18 −28
3	6	+145 +70	+60 +30	+28 +10	+16 +4	+12 0	+18 0	+30 0	+75 0	+3 −9	−4 −16	−8 −20	−15 −27	−19 −31
6	10	+170 +80	+76 +40	+35 +13	+20 +5	+15 0	+22 0	+36 0	+90 0	+5 −10	−4 −19	−9 −24	−17 −32	−22 −37
10	14	+205 +95	+93 +50	+43 +16	+24 +6	+18 0	+27 0	+43 0	+110 0	+6 −12	−5 −23	−11 −29	−21 −39	−26 −44
14	18													
18	24	+240 +110	+117 +65	+53 +20	+28 +7	+21 0	+33 0	+52 0	+130 0	+6 −15	−7 −28	−14 −35	−27 −48	−33 −54
24	30													−40 −61
30	40	+280 +120	+142 +80	+64 +25	+34 +9	+25 0	+39 0	+62 0	+160 0	+7 −18	−8 −33	−17 −42	−34 −59	−51 −76
40	50	+290 +130												−61 −86
50	65	+330 +140	+174 +100	+76 +30	+40 +10	+30 0	+46 0	+74 0	+190 0	+9 −21	−9 −39	−21 −51	−42 −72	−76 −106
65	80	+340 +150											−48 −78	−91 −121
80	100	+390 +170	+207 +120	+90 +36	+47 +12	+35 0	+54 0	+87 0	+220 0	+10 −25	−10 −45	−24 −59	−58 −93	−111 −146
100	120	+400 +180											−66 −101	−131 −166
120	140	+450 +200	+245 +145	+106 +43	+54 +14	+40 0	+63 0	+100 0	+250 0	+12 −28	−12 −52	−28 −68	−77 −117	−155 −195
140	160	+460 +210											−85 −125	−175 −215
160	180	+480 +230											−93 −133	−195 −235
180	200	+530 +240	+285 +170	+122 +50	+61 +15	+46 0	+72 0	+115 0	+290 0	+13 −33	−14 −60	−33 −79	−105 −151	−219 −265
200	225	+550 +260											−113 −159	−241 −287
225	250	+570 +280											−123 −169	−267 −313
250	280	+620 +300	+320 +190	+137 +56	+69 +17	+52 0	+81 0	+130 0	+320 0	+16 −36	−14 −66	−36 −88	−138 −190	−295 −347
280	315	+650 +330											−150 −202	−330 −382
315	355	+720 +360	+350 +210	+151 +62	+75 +18	+57 0	+89 0	+140 0	+360 0	+17 −40	−16 −73	−41 −98	−169 −226	−369 −426
355	400	+760 +400											−187 −244	−414 −471
400	450	+840 +440	+385 +230	+165 +68	+83 +20	+63 0	+97 0	+155 0	+400 0	+18 −45	−17 −80	−45 −108	−209 −272	−467 −530
450	500	+880 +480											−229 −292	−517 −580

附表 18　优先选用的轴的极限偏差数值（GB/T 1800.2—2009）　　（单位：μm）

基本偏差代号		c	d	f	g	h				k	n	p	s	u
公称尺寸/mm		标准公差等级												
大于	至	11	9	7	6	6	7	9	11	6	6	6	6	6
—	3	−60 −120	−20 −45	−6 −16	−2 −8	0 −6	0 −10	0 −25	0 −60	+6 0	+10 +4	+12 +6	+20 +14	+24 +18
3	6	−70 −145	−30 −60	−10 −22	−4 −12	0 −8	0 −12	0 −30	0 −75	+9 +1	+16 +8	+20 +12	+27 +19	+31 +23
6	10	−80 −170	−40 −76	−13 −28	−5 −14	0 −9	0 −15	0 −36	0 −90	+10 +1	+19 +10	+24 +15	+32 +23	+37 +28
10	14	−95 −205	−50 −93	−16 −34	−6 −17	0 −11	0 −18	0 −43	0 −110	+12 +1	+23 +12	+29 +18	+39 +28	+44 +33
14	18	−95 −205	−50 −93	−16 −34	−6 −17	0 −11	0 −18	0 −43	0 −110	+12 +1	+23 +12	+29 +18	+39 +28	+44 +33
18	24	−110 −240	−65 −117	−20 −41	−7 −20	0 −13	0 −21	0 −52	0 −130	+15 +2	+28 +15	+35 +22	+48 +35	+54 +41
24	30	−110 −240	−65 −117	−20 −41	−7 −20	0 −13	0 −21	0 −52	0 −130	+15 +2	+28 +15	+35 +22	+48 +35	+61 +48
30	40	−120 −280	−80 −142	−25 −50	−9 −25	0 −16	0 −25	0 −62	0 −160	+18 +2	+33 +17	+42 +26	+59 +43	+76 +60
40	50	−130 −290	−80 −142	−25 −50	−9 −25	0 −16	0 −25	0 −62	0 −160	+18 +2	+33 +17	+42 +26	+59 +43	+86 +70
50	65	−140 −330	−100 −174	−30 −60	−10 −29	0 −19	0 −30	0 −74	0 −190	+21 +2	+39 +20	+51 +32	+72 +53	+106 +87
65	80	−150 −340	−100 −174	−30 −60	−10 −29	0 −19	0 −30	0 −74	0 −190	+21 +2	+39 +20	+51 +32	+78 +59	+121 +102
80	100	−170 −390	−120 −207	−36 −71	−12 −34	0 −22	0 −35	0 −87	0 −220	+25 +3	+45 +23	+59 +37	+93 +71	+146 +124
100	120	−180 −400	−120 −207	−36 −71	−12 −34	0 −22	0 −35	0 −87	0 −220	+25 +3	+45 +23	+59 +37	+101 +79	+166 +144
120	140	−200 −450	−145 −245	−43 −83	−14 −39	0 −25	0 −40	0 −100	0 −250	+28 +3	+52 +27	+68 +43	+117 +92	+195 +170
140	160	−210 −460	−145 −245	−43 −83	−14 −39	0 −25	0 −40	0 −100	0 −250	+28 +3	+52 +27	+68 +43	+125 +100	+215 +190
160	180	−230 −480	−145 −245	−43 −83	−14 −39	0 −25	0 −40	0 −100	0 −250	+28 +3	+52 +27	+68 +43	+133 +108	+235 +210
180	200	−240 −530	−170 −285	−50 −96	−15 −44	0 −29	0 −46	0 −115	0 −290	+33 +4	+60 +31	+79 +50	+151 +122	+265 +236
200	225	−260 −550	−170 −285	−50 −96	−15 −44	0 −29	0 −46	0 −115	0 −290	+33 +4	+60 +31	+79 +50	+159 +130	+287 +258
225	250	−280 −570	−170 −285	−50 −96	−15 −44	0 −29	0 −46	0 −115	0 −290	+33 +4	+60 +31	+79 +50	+169 +140	+313 +284
250	280	−300 −620	−190 −320	−56 −108	−17 −49	0 −32	0 −52	0 −130	0 −320	+36 +4	+66 +34	+88 +56	+190 +158	+347 +315
280	315	−330 −650	−190 −320	−56 −108	−17 −49	0 −32	0 −52	0 −130	0 −320	+36 +4	+66 +34	+88 +56	+202 +170	+382 +350
315	355	−360 −720	−210 −350	−62 −119	−18 −54	0 −36	0 −57	0 −140	0 −360	+40 +4	+73 +37	+98 +62	+226 +190	+426 +390
355	400	−400 −760	−210 −350	−62 −119	−18 −54	0 −36	0 −57	0 −140	0 −360	+40 +4	+73 +37	+98 +62	+244 +208	+471 +435
400	450	−440 −840	−230 −385	−68 −131	−20 −60	0 −40	0 −63	0 −155	0 −400	+45 +5	+80 +40	+108 +68	+272 +232	+530 +490
450	500	−480 −880	−230 −385	−68 −131	−20 −60	0 −40	0 −63	0 −155	0 −400	+45 +5	+80 +40	+108 +68	+292 +252	+580 +540

附表 19　形状和位置公差未注公差值 （GB/T 1184—1996）　　　（单位：μm）

	公差等级	主参数 $d(D)$/mm										
		>6~10	>10~18	>18~30	>30~50	>50~80	>80~120	>120~180	>180~250	>250~315	>315~400	>400~500
圆度和圆柱度公差	5	1.5	2	2.5	2.5	3	4	5	7	8	9	10
	6	2.5	3	4	4	5	6	8	10	12	13	15
	7	4	5	6	7	8	10	12	14	16	18	20
	8	6	8	9	11	13	15	18	20	23	25	27
	9	9	11	13	16	19	22	25	29	32	36	40
	10	15	18	21	25	30	35	40	46	52	57	63

	公差等级	主参数 L/mm										
		≤10	>10~16	>16~25	>25~40	>40~63	>63~100	>100~160	>160~250	>250~400	>400~630	>630~1000
直线度和平面度公差	5	2	2.5	3	4	5	6	8	10	12	15	20
	6	3	4	5	6	8	10	12	15	20	25	30
	7	5	6	8	10	12	15	20	25	30	40	50
	8	8	10	12	15	20	25	30	40	50	60	80
	9	12	15	20	25	30	40	50	60	80	100	120
	10	20	25	30	40	50	60	80	100	120	150	200

	公差等级	主参数 L、$d(D)$/mm										
		≤10	>10~16	>16~25	>25~40	>40~63	>63~100	>100~160	>160~250	>250~400	>400~630	>630~1000
平行度、垂直度和倾斜度公差	5	5	6	8	10	12	15	20	25	30	40	50
	6	8	10	12	15	20	25	30	40	50	60	80
	7	12	15	20	25	30	40	50	60	80	100	120
	8	20	25	30	40	50	60	80	100	120	150	200

	公差等级	主参数 $d(D)$、B、L/mm										
		>3~6	>6~10	>10~18	>18~30	>30~50	>50~120	>120~250	>250~500	500~800	800~1250	1250~2000
同轴度、对称度、圆跳动和全跳动公差	5	3	4	5	6	8	10	12	15	20	25	30
	6	5	6	8	10	12	15	20	25	30	40	50
	7	8	10	12	15	20	25	30	40	50	60	80

参 考 文 献

[1]　于景福，孙丽云，王彩英. 机械制图 [M]. 北京：机械工业出版社，2016.

[2]　杨老记，马英. 机械制图 [M]. 3 版. 北京：机械工业出版社，2012.

[3]　于万成，王桂莲. 机械制图 [M]. 北京：清华大学出版社，2017.